“十四五”时期国家重点出版物出版专项规划项目

智慧建筑与建成环境系列图书

黑龙江省精品图书出版工程

THE DESIGN AND APPLICATION
STRATEGIES OF HEALING LANDSCAPE IN URBAN RISIDENTIAL COMMUNITY

城市居住区康复景观
设计与应用研究

薛滨夏　李同予　王　月　张远景　著

哈尔滨工业大学出版社
HARBIN INSTITUTE OF TECHNOLOGY PRESS

内 容 简 介

本书共分为 4 章：第 1 章为绪论，分析了康复景观的概念缘起、社会背景和发展现状，介绍了康复景观的发展定位和意义；第 2 章从理论体系角度，深入阐释了康复景观的概念、内涵和主要流派，通过案例解析揭示了居住区康复景观设计取向和其他考虑层面；第 3 章结合居住区环境特点和居民行为分析，详细介绍了康复景观理念的应用和实现途径；第 4 章围绕康复景观的空间布局、实施内容和植物配植，结合实例探索了居住区康复景观的设计策略。

本书可供城市管理和决策部门、健康人居环境和自然疗愈领域的研究人员，城乡规划、社区规划和景观设计从业人员，以及广大高校师生阅读参考。

图书在版编目（CIP）数据

城市居住区康复景观设计与应用研究 / 薛滨夏等著. —哈尔滨：哈尔滨工业大学出版社，2022.10
（智慧建筑与建成环境系列图书）
ISBN 978-7-5603-9240-0

Ⅰ . ①城… Ⅱ . ①薛… Ⅲ . ①居住区-景观设计
Ⅳ . ①TU984.12

中国版本图书馆 CIP 数据核字（2020）第 261724 号

策划编辑　张　荣　佟　馨
责任编辑　张羲琰　苗金英　陈　洁
出版发行　哈尔滨工业大学出版社
社　　址　哈尔滨市南岗区复华四道街 10 号　邮编 150006
传　　真　0451-86414749
网　　址　http://hitpress.hit.edu.cn
印　　刷　哈尔滨市石桥印务有限公司
开　　本　787 mm×1 092 mm　1/16　印张 12.5　字数 238 千字
版　　次　2022 年 10 月第 1 版　2022 年 10 月第 1 次印刷
书　　号　ISBN 978-7-5603-9240-0
定　　价　68.00 元

序

　　一个人的一生中有大约一半的时间是在自己居住的环境中度过的，因此，居住环境对每一个人来说都非常重要。一个健康人，其健康体现在生理、心理和精神三个方面，这三者有一方面出现问题，都会给生活、工作带来困扰甚至造成不可挽回的局面。

　　当代社会，人们的工作节奏越来越快，各种信息的冲击越来越多，机械性也越来越强，日复一日，年复一年，长此以往难免会对身心健康造成消极的影响。人们渴望休息，希冀待在家中，享受宁静的时光，或身处可以令人放松、身心愉悦的环境之中。这种时候，除了外出旅游，在大自然中彻底放松之外，其实最方便调节身心的地方是自己生活的居住环境。如果这个环境里有鸟语花香及漂亮的景观，人们在工作之余或是休息之时来到这里坐一坐、看一看、逛一逛，会在一定程度上排解心理及精神上的烦恼，促进身心的健康。

　　景观的康复作用从 20 世纪开始，逐渐被医学专家和社会学家所认识，进而发展为一种健康环境理论。该理论通过不同规模、不同类型的园林、绿地、花园实践，探索自然与人造环境的疗愈功能；借助心理学和康复医学的方法，从整体上改善人的健康状况，特别是心理和精神的健康。有些国家在这方面已经积累了丰富的经验，不论是被动式自然干预体系还是主动式自然干预体系都已相对成熟，值得我们认真研究并加以学习。

　　本书的作者之一薛滨夏曾专赴美国学习康复景观理论，通过两年的学习与实习，完成了 3 个专业共 14 门课程的考核和考试，并取得了美国园艺疗法协会的资格认证，成为我国内地首位获得美国注册资质的园艺治疗师。本书将对国外康复景观和园艺疗法的关注与我国城市居住环境的健康化建设结合起来，从使用者的行为模式和需求入手，从多个维度探讨人与环境景观的交流互动，尝试为居住区环境引入康复功能，实现对原有环境景观的提升与补充。

　　我国的居住特点决定了大部分普通人对于居住区环境的依赖性要远远高于自然环境，所以如果能够将环境景观的康复作用与居住区环境的规划设计结合在一起，想必会给居住区的环境设计带来革命性的变化，对于促进健康人居环境可持续发展会起到重要的作用。相信本书会带给人们关于我国居住区环境建设、景观设计上的新思考，某种程度上甚至会改变人们的传统认知，从而达到改善人居环境的目的。

我们有理由期待。

2022 年 1 月于哈尔滨

前　言

　　居住区绿地作为城市居住环境开放空间的重要组成部分，与居民的身心健康紧密相连。在传统居住区绿地规划设计中，景观多为建筑的配角，起到柔化和点缀作用。景观规划通常以规划师的主观意志为导向，按照国家规范关于绿地的定额指标等要求，针对绿地的空间结构、场地形态和景观要素等进行设计和编制，往往忽略了居住区居民的使用诉求、行为模式，以及人与环境之间的深层次联系与互动，最终制约了居住区景观发挥应有的功能与作用。

　　首先，本书汇总分析了康复景观的国内外研究现状，从概念缘起、背景内涵介绍到主要流派的比较和梳理，通过康复景观相关案例进一步说明康复景观的特点、设计原则和要点等，并针对居住区景观设计相关议题进行理论阐述。其次，通过类比和互动式分析，指出康复景观在我国城市居住区景观设计中的应用价值、共性前提、切入点以及注意环节，进而证实康复景观理念应用的可行性和前沿性。再次，通过量化研究，进一步得出我国城市居住区在使用群体特征、需求及景观设计上存在的问题。最后，从健康导向、空间结构、活动组织和植物配植四个方面提出我国居住区康复景观设计的方法与对策，并以黑龙江省哈尔滨市某居住小区为例，基于实际景观营造现状，提出有针对性的居住区康复景观设计优化方法和对策。

　　居住区康复景观设计在传统景观设计的基础之上，将使用者的行为模式、健康需求和目标进行综合考虑，在设计中注重从人体的五感促进景观要素与使用者的积极交流，不仅赋予了景观本应具备的功能性，更从生理、心理、社会三个维度满足不同居民群体的自身条件和健康需求，引入康养和疗愈的功能，实现了对居住区原有绿地系统的优化与升级，也对居住区景观营造进行了健康服务功能的植入和补充，为健康人居环境和健康社区的构建奠定了坚实的基础。

在本书的撰写过程中，硕士研究生纪桐桐、杜嘉赫、郭佳怡针对各章进行了案例补充和概念完善，冯清清、郭思远、尹程程、沈素宇汇编了附录中的附表1～5，纪桐桐编撰了附录中的附表6，硕士研究生张桐和博士研究生姜博对全书各章和附表进行了文字校审，在此一并表示感谢。

本书得到国家自然科学基金青年科学基金项目（51608145）、黑龙江省高等教育教学改革研究项目重点委托项目（SJGZ20200196）和黑龙江省自然科学基金联合引导项目（LH2021E068）共同资助，在此表示衷心感谢。

限于作者水平，书中难免存在不足之处，恳请读者及专家批评指正。

作　者

2022 年 9 月

目　　录

第 1 章　绪　　论

1.1　背景介绍

源于古希腊时期的欧洲自然疗愈方法，利用绿色空间环境与自然要素治疗和改善人类的精神疾病及其他健康问题，历史悠久，富有特色，是一种便捷有效的应对身心健康问题的手段。19 世纪末，随着欧美国家医院体系的改革，这种具有成本优势、没有副作用的自然疗法重新为人们所重视。20 世纪 70 年代，在环境心理学中复愈性环境理论的带动下，康复景观（Healing Landscape）、园艺疗法（Horticultural Therapy）等自然疗愈体系被用来帮助各类症候人群改善身心健康水平，预防身体疾病和机能衰退。康复景观通过为使用者提供被动式感知体验的疗愈环境，达到减轻压力、恢复精神的效果；而园艺疗法则借助主动式园艺实操，融入心理学和康复医学原理，改善人的慢性病、认知功能和心理障碍。二者既有差异，又互有交叠，在城市医疗照护环境、公园、校园与社区得到广泛应用。

随着我国城市化进程的加快以及社会经济的快速发展，环境污染、居住密度过高、生活压力过大、老龄化趋势加重，城市居民普遍面临慢性病和亚健康状态的困扰。目前，我国 15 岁及以上居民慢性病患病率高达 33.1%，76% 的高知人群处于亚健康状态，心脑血管疾病、癌症、糖尿病等疾病呈逐年递增趋势，心理健康水平呈逐年下降趋势，抑郁症、焦虑症、自闭症、阿尔茨海默病等成为影响家庭幸福、社会和谐的一类主要因素。在这种形势下，打造健康人居环境刻不容缓。促进全民健康水平提升，既是《"健康中国 2030"规划纲要》及党的十九大提出的"实施健康中国战略"的重要议题，也是国家全面实施健康城市战略，改善城市环境，完善健康服务管理体系，应对公共健康挑战，提升全民健康水平和生活质量的重大举措，并成为当下城乡规划领域新的工作重点和使命。

在国家提出主动健康理念，强调通过未病先防、变被动医疗干预为主动健康促进的背景下，将康复景观、园艺疗法体系引入我国城市居住环境，具有特别重要的意义。

1.1.1　健康城市议题的兴起

健康一直是人类关注的重要议题，与人的生活质量、幸福感和持续的发展休戚相关。城市作为承载人类工作学习、生活娱乐、交通出行等各类活动的空间载体，对人的健康有着重要影响。然而，城市环境质量下降带来的各类污染及不合理的空间结构，促成人们不健康的生活方式，严重影响城市居民的身心健康。1984 年，世界卫生组织（WHO）提出"健康城市"概念，倡导通过对城市规划和建成环境的改善，增加体力活动机会，促使社区居民树立健康的日常生活方式，来推动世界全民健康战略。

健康城市的主要任务是研究人、城市与社会的有机整体关系，制定健康可持续发展战略，扩大社区资源，倡导健康生活方式和健康促进行为，并由欧洲扩展至全球推广实施。秉承这一思想，2002 年美国罗伯特·伍德·约翰逊基金会（RWJF）发起"设计下的积极生活"（ALbD）计划，通过对城市规划和建成环境的改变，促使社区居民形成健康的日常生活方式，增加体力活动的机会，并促成纽约市 2010 年颁布《公共健康空间设计导则》，基于跨学科循证研究，推动促进积极生活建成环境设计。

世界卫生组织指出，健康城市是健康人群、健康环境和健康社会的有机结合体。其核心是以人的健康为中心，进而辐射到其他层面，并将创建有利于健康的支持性环境纳入其发展目标。

1. 健康城市概念的缘起

世界卫生组织将健康定义为"一种在身体、精神与社会功能三方面的完美状态，而不仅仅是没有疾病和不虚弱"。国内外大量研究表明，城市居民的身心健康不仅取决于遗传基因等自身先天生物学因素，或依赖于医疗等被动干预手段，也受不同层级的社会、自然与建成环境因素影响，如个体的经济社会属性、社会习俗、经济发展水平、物质空间环境、自然生态条件等。其中，承载人们日常工作、生活、交通与休闲活动的城市空间环境，对人的健康具有至关重要的影响，既可以形成支持，也可以构成负面的阻碍。

18 世纪中叶英国工业革命以来，世界各国的经济和社会结构都发生了翻天覆地的变化，随之而来的城市化更是全面改变了城市结构和集聚形式，进而影响到人们的工作和生活方式。为了应对城市化对人类健康的挑战和不利影响，城市规划、风景园林、环境心理学、环境行为学和公共卫生等学科走向合作，全面审视城市人居环境与人的健康之间的关系，探寻通过生态环境建设以及主动式健康促进行为，提高城市居民健康水平的方法。在宏观层面，研究焦点聚集在国家政策和健康促进体系的建设上，探索在国家、区域、社区三个层级构建"城乡健康"模型与整体战略，以及健康城市规划的实现途径和要素。在中微观层面，人们开始关注城市建成环境、自然环境、社会环境等多层级因素与人们健康行为的关系，以及最终的健康结果。

2. 健康城市的主要目标

健康城市的主要目标就是营造一个生态宜居的城市自然与人工环境，全面促进人的身心健康。其有三个层面的含义：

（1）合理的自身结构、健康的生态环境与建成环境，能够保证城市内部与周边生态系统的正常循环，最大化地履行城市功能，避免过度消耗而产生不必要的污染排放，并生态化地处理各类废弃物，从而保持城市环境的清洁卫生与和谐状态。

（2）为居民提供促进健康行为的自然环境与建成环境。城市居民日常的工作、学习、交通、游憩等行为，都会产生一定的能量消耗，促进生理代谢，提高身体机能，有益于生理、心理的健康，提高社会融合水平，是健康城市所关注的主要内容。

（3）制定合理的医疗卫生政策，规划完善的医疗服务体系，提供有效的保健措施。从专业的综合医疗机构到便捷的社区健康服务管理体系，宏观层面的公共健康政策能够确保健康城市建立分级应对的健康干预体制，及时进行健康战略调整，以体现全生命周期健康政策的高效性和前瞻性。

3. 健康城市的实施途径

健康城市的实施途径，一是通过营造生态健康的城市环境，为人们提供卫生安全、气候适宜、清洁无污染的空间实体环境，直接影响人的生理和心理健康；二是通过合理规划城市空间结构、开放空间体系和公共服务设施，影响人的行为，间接促成不同的健康结果；三是构建网络化的医疗服务与健康管理体系，为城市居民提供康养保健、未病先防和科学治疗的有力保障。

从国内外健康城市的实施经验看，积极利用城市步行环境、公共绿地和其他开放空间，从事体育锻炼、自然疗法等活动，有助于激发人的自身潜能，提高免疫力，从而达到防病健身的效果，是一个低成本、无副作用的应对疾病的首选良策。按行为目的不同，体力活动一般分为四种，包括家务相关行为活动、工作相关行为活动、娱乐或者休闲时间行为活动和交通相关行为活动。城市中发生的体力活动与建成环境的特征密切相关，一般可分为总体体力活动和特定类型体力活动。总体体力活动研究对于居民健康有着重要的指示意义，是公共健康领域判断居民是否满足最低体力活动标准的一个基本指标。特定类型体力活动包括休闲性体力活动、交通性步行、休闲性步行等主体类型，以及散步、慢跑、游泳等特定的类型。特定类型体力活动是城市居民日常健身的主要形式，也是健康城市推动全民健康赖以实现的主要媒介和手段。而体力活动水平通常用持续时间、频率、强度、类型或模式来描述，其中前三者是评价体力活动的主要定量指标，也是衡量体力活动总量的主要测度。体力活动强度由体力活动代谢当量来计算，世界卫生组织将体力活动水平分为高水平、中等水平和低水平。

国外研究已充分证明，城市居住密度、绿化覆盖率、土地利用形式、道路可达性和连通性等建成环境特征，以及自然环境分布，与城市居民的步行和其他休闲活动具有一定相关性，从而间接影响城市居民的健康结果。增加城市环境的要素紧凑性、功能多样性、公交邻近性，能够带动居民体力活动的增加，从而对糖尿病、心脑血管疾病、呼吸系统疾病有改善作用，良好的健康食物可达性则能控制肥胖率。

适度的体力活动有利于促进人体血液循环、消耗能量，避免过多的脂肪堆积，预防肥胖症的发生，并间接减少心脑血管疾病、糖尿病、肿瘤的发生。经常性锻炼也能促进人的呼吸循环，锻炼心肺功能。适当的体力活动还能够改善大脑血管的微循环，增强记忆和感官体验等认知能力，改善睡眠，促进积极情绪。国内外研究表明，体力活动等健康行为对于健康促进起到积极的中介效应。健康城市正是通过改善建成环境的格局和形态，为居民创造更适宜的居住环境，促使居民维持健康的生活方式和行为，使健康城市的最终目标得以实现。

4. 健康城市与自然环境

从城市发展的历史来看，健康城市战略就是对人类近几个世纪过度工业化和城市化的反思和纠正，提倡在生态可持续视角下，重新回归人与自然的和谐与平衡。因此，城市外围的自然环境，以及内部的公园、绿地与滨水空间，对于健康城市的整体架构和目标实现有着重要的意义。城市内外的自然绿色空间在维持自身生态系统平衡和物种多样性的同时，还能够调节城市微气候，维持地表水与地下水的自然循环和净化，改善城市空气品质，为城市居民提供卫生、健康的环境。

此外，自然环境对人的心理健康的恢复也有着巨大的帮助。绿色空间环境能够减轻人的压力，减少心理疲劳，促进心理和生理机能恢复。城市中的自然环境和人工自然环境对人的心理健康，包括情绪健康和认知健康都有积极的影响。早在 1865 年，美国景观设计大师奥姆斯特德就提出利用城市公园和林荫大道缓解城市居民注意力疲劳、减轻生活压力的主张。美国环境心理学家詹姆斯将人的注意力分为两类：主动性注意力和非主动性注意力。前者需要调动意志并排除其他活动的干扰，而后者则消耗较少精力或无须付出努力。这一思想推动了 1970 年美国环境心理学派的崛起，密歇根大学的卡普兰夫妇开始关注自然环境，包括人工自然环境对于人的身心恢复的积极作用，研究自然环境与人的精力恢复、压力减轻以及认知能力提高的积极联系，并于 1989 年正式提出定向注意力概念和注意力恢复理论。卡普兰夫妇认为，当代快速的生活节奏使得注意力成为人们应对日常各种需求的重要资源，而注意力需要一个排除分心的抑制机制来维系，因而人们容易产生疲劳，进而导致一系列思维能力和情绪控制的障碍。他们提出可以通过感知自然环境的迷人性、延展性和兼容性而获得精神补充和情感恢复。环境心理学家乌尔里希、威尔德伯等则通过研究手术病房、内科和康复病房窗外景色与住院病人恢复效果的关系，认为自然环境对于改善个体压力或应激状态，降低由应激源造成的生理、心理及行为上的负面影响具有积极的作用，人工环境往往对这种缓解过程有阻碍作用，这些研究成为乌尔里希自然环境减压理论的基础。哈蒂格等于 1991 年基于不同的复愈体验理论模型和心理-生理综合测量手段，通过准实验和真实验，测试了实验人群在野外旅行、城市度假和居家生活等不同情境体验之后的情绪状态、幸福感、认知能力等方面的差异，证实了自然环境对于人的身心恢复具有长期和短期的作用，进而提出复愈性环境量表（Perceived Restorativeness Scale, PRS），该表在世界各国广为应用。

自然环境天然的复愈性禀赋使得城市公园、绿地及各种绿色空间成为居民从事锻炼健身和休闲娱乐活动的首选，充沛的绿色空间资源能增加居民锻炼的强度、频率和效果。循证医学、康复医学和各类自然干预体系也开始建立依托于自然绿色环境的治疗手段，从被动感知和主动实操两个维度，探索利用绿色环境和自然要素，帮助人们应对慢性病、衰老和亚健康状态，恢复精力，降低血压，减轻压力，提高认知能力，以及减轻焦虑等负面情绪、促进正面情绪等，为不同背景的居民提供多样的健康服务的手段和工具。

1.1.2 城市美化和生态人居环境建设的需要

目前，我国城市化率已超过 60%，城市高楼林立，居住密度大。高强度的城市开发带来了绿地破碎化、自然水域被蚕食、微气候环境恶化、环境污染等一系列生态问题，拥挤的人工建筑环境也强化了非自然的人工景观，加剧了人的感知体验疲劳，由此产生连锁的生理-心理反应，急需通过绿地和植物元素柔化生硬的建筑界面，美化城市环境，营造清新、自然的氛围，为城市居民提供自然、多样化的复愈性环境和景观。在快速城市化驱动下，土地利用改变了其开发模式，在强调集约化空间利用和追逐利益的前提下，居住区的开发强度日益加大，容积率不断提高，建筑综合体和高层住宅逐渐取代多层住宅成为居住区的主角，形成了新的城市居住区外部空间庭院环境和景观格局。例如，北京、上海近年由于人口的持续扩张，近郊新建的住宅几乎都是高层住宅，高度也不断增加。随着城市化进程的加快，全国大城市中高层住宅的总量、比例和高度仍在不断提高。

据统计，目前高层住宅快速发展，在小区中的占比往往超过50%，原有的混合布局形式正在演化为清一色的高层住宅占主导，这导致小区的集中绿地或小区公园形成较大的阴影区，视线受阻，绿地形式雷同，风貌单一，缺乏多样性。在高楼的合围下，一方面，居住区外部环境景观质量受到限制，难以产生适宜的空间尺度和景观形式，以创造让人充分接触自然的机会和氛围。另一方面，由于日照间距和卫生间距要求，楼与楼之间相距较远，小区配置的户外绿地往往规模较大，景观形式体量偏大，虽然有利于打造多样性景观和视觉廊道，但也容易产生诸多弊端，如形式过于粗犷、氛围冷漠、缺少亲切感和宜人特征。

此外，伴随而来的居住区微气候环境质量日益下降，城市热岛、空气污染、通风不畅等问题也影响了户外环境的质量，抑制了人们外出活动的热情，居民难以休憩放松、恢复身心。研究发现，在居住区建成后，会出现居住区生态功能总量比原有土地降低的趋势，对当地的气候、水文、生物多样性、土壤固碳方面造成不利影响，应该通过增加绿当量及水面的做法，实现建设前后生态功能平衡。对于城市中为数颇多的老旧小区和街坊式住区来说，无论是其绿地配置率等生态指标，还是其环境整体景观品质，都难以满足现代宜居环境的要求，需要结合新的方法和技术，改造边角消极空间，利用垂直绿化等手段，增加屋顶绿化和袖珍公园的建设，改善景观效果和生态环境。

居住区绿地功能传统上可划分为生态服务功能、景观美化功能以及包括游憩、活动、交流的社会服务功能，具有碳储存及碳消减、水土保持、空气净化、植被生长，以及提升环境品质、促进社会联系等多重功能。经济水平的提高和社会观念的改变使人们在物质生活富裕的基础上，对精神文化生活和身心健康提出了更高的要求，更加关注居住环境整体景观的品质和健康服务功能的拓展，对居住区绿地景观形式提出新的要求。健康运动空间、康复景观等疗愈空间成为园林设计的重要组成部分，推动了人们对居住区景观设计的新探索。

通常，居住区核心公共绿地按不同的级别，主要分为居住区公园、小区中心绿地和组团绿地。对于小区来说，中心绿地是主要的景观节点，也是重要的休闲活动场地，其绿化植物的配植不仅要满足各种活动功能的需求，还要全面考虑植物的生态要求以及在观形、赏色、闻味、听声上的效果，从而营造不同的空间感受。在空间总体布局上，要综合考虑多重功能的协调，即从景观环境形象、环境生态绿化、协调大众行为心理三大层面综合考虑绿化设计，达到物境、情境和意境的统一。

城市化发展和城市问题的涌现对生态人居视角下的环境规划和景观设计提出了新的挑战。居住区绿地空间建设将生态修复、景观营造和健康功能目标融为一体，既是当今城市美化和生态人居环境建设的需要，也体现了人们追求物质生活质量和人文精神塑造平衡发展的价值取向，为康复景观在居住区环境的设置和应用提供了物质要素和空间资源的支持与保障。

1.1.3 人口老龄化和主动健康的需要

1. 老龄化趋势与慢性病

随着社会经济的发展、人们生活水平的提高，以及医疗技术的提升，人口老龄化成为当下全球的热点问题之一，对公共健康领域提出诸多挑战。1956 年，联合国曾将 65 岁作为老年人的划分标准，考虑到发展中国家人口年龄结构比较年轻，又在 1980 年把老年人年龄的下限定为 60 岁。

按照我国人口老龄化发展趋势，2001 年至 2100 年的 100 年可以划分为快速老龄化、加速老龄化、重度老龄化三个阶段。其中 2001 年至 2020 年是快速老龄化阶段，这一阶段，我国平均每年增加 596 万老年人口，年均增长速度达到 3.28%，大大超过总人口年均 0.669% 的毛增长速度，人口老龄化进程明显加快。

随着年龄的增长，老年人不可避免地面临机能退化问题，以及诸多慢性病、残疾、生活不能自理等困扰，经济能力、社会地位和角色的转换也会给心理健康带来负面影响。老年人的常见病和多发病有老年性白内障、高血压、冠心病、慢性支气管炎、肺源性心脏病、脑血管病、老年性耳聋、前列腺肥大、糖尿病及各种癌症。随着社会的发展与进步，部分影响人类健康的疾病由急性和传染性疾病转为慢性、非传染性疾病，虽然急症风险降低，但由于老年人各种生理机能减退，一些慢性病又会进一步影响其自主生活能力，失能情况普遍。老年人在身体健康方面的劣势较为突出，因此对于医疗照护和康养保健的需求较大，急需寻找有效的应对方法，延缓衰老、预防疾病或缓解症状。

在心理健康方面，老年人因与现代城市生活脱轨，认知能力不断下降，且与亲人来往较少，对子女长久牵挂，或未得到足够的关心，容易情绪低落，产生孤独感，进而导致抑郁情绪增加。随着我国人口老龄化进程的加快，老年人慢性病及多重慢性病的发生率持续增高，慢性病比例高达 75.23%。与此同时，受抑郁情绪影响的老年人也大幅增加。抑郁症是老年人常见的精神疾病，不仅会导致其躯体功能下降，还会使其变得孤僻、悲观，从而严重影响老年人的心理健康及生命质量。国内外研究表明，抑郁状态与慢性病密切相关，且老年慢性病患者抑郁状态发生率远高于一般老年人群，高龄、与子女关系一般或差、与配偶关系一般、多重慢性病是导致城市老年慢性病患者抑郁的危险因素，而保持中高度的体力活动水平，参与一定的社会交往活动，有利于减少城市老年慢性病患者抑郁状态的发生。

衰老和慢性病的增加是一个连带的自然的过程，针对老年人群的慢性病和心理健康问题，不能单纯依赖被动医疗手段去解决，这既会增加个人、家庭和社会的经济负担，也难以有效应对衰老的自然过程，更面临治疗过程中各种副作用的风险且容易引发新的问题。所以，更为人性化、持续、有效的应对方法就是采取主动健康策略，通过保持健康的生活方式，采取积极的健身保健措施，来延缓机能退化速度，提高体能和身体素质，减轻已有疾病的症状，防患于未然，在全生命周期内考虑个体健康管理的最佳策略。

康复景观等自然疗愈方法在应对老年慢性病和心理问题方面，有着诸多优越之处。首先，这种自然化的疗愈方法与人具有良好的情感联系，易于为人所接受。从热量消耗来看，其活动强度与体育运动几近相同，其活动形式可站立或在座椅中进行，灵活机动，活动场地可就近选择，活动可以随时启动或终止，十分适合老年人的身体条件和机能减退的状态。其次，康复景观环境中的自然疗愈活动多为成组活动，形成一种支持性环境氛围，老年人在相互配合和协作中，增进社会交往的机会，有利于缓解老年人的孤独感。再次，自然疗愈活动有助于防止老年人自卑心理的产生，在疗愈活动中，无论是治疗师、照护人员还是参与的老年人，角色和地位是平等的，没有在医院环境中被"治疗"的感受。最后，这种自然疗愈活动的措施成本极低，并且没有副作用，是一种受到广泛欢迎的健身、治疗和康复的方式。

由图 1.1 可知，目前，我国人口 15% 以上为 60 岁以上的老年人，老年人所占比例高于世界同等指标。相关数据显示，至 2018 年年末，我国 60 周岁及以上人口高达 24 949 万人，占总人口的比例为 17.9%，其中 65 周岁及以上人口 16 658 万人，占总人口的比例为 11.9%。近 5 年，60 周岁及以上的老年人口数量呈高速增长态势，预测至 2025 年将高达 3 亿人。此外，一些跨学科调查项目显示，老年人的总体健康水平堪忧，40% 的老年人身有残疾，30% 的老年人身体疼痛。除此之外，抑郁症已经从中青年人蔓延到老年人，30% 以上的老年人有比较严重的抑郁症状。

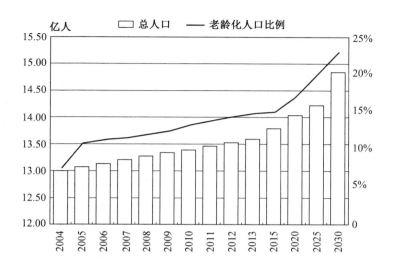

图 1.1 中国总人口及老龄化 2004—2030 年预测

目前，我国的养老模式以居家养老为主，以条件不等的机构养老为辅，但后者所需费用往往较高，缺少足够的运营经验，且存在各种服务管理方面的问题，短期内难以满足我国巨大的人口基数需求。另外，人们对于住所的依恋感，以及对居家氛围、生活品质、环境的安全性、亲情性和便利性等需求，使得居家养老成为家庭的普遍选择。结合居住环境的居家型养老仍将是我国多数家庭主要的养老模式选择。此外，随着社会的发展和政策的影响，我国居住区家庭结构日趋多样化。相关研究数据显示，婚后生育子女并与父母共同居住的家庭比例显著升高，由此可见，三代直系家庭的比例攀升与抚养下一代，即抚幼功能，存在直接关系。目前，城市的青年人多为双全职工作，无暇照顾学龄前儿童，通常由一方或双方父母承担起照顾第三代子孙的责任。因此，老年人和学龄前儿童成为居住区绿地空间的主要使用人群，因为年龄的特殊性，他们对环境的敏感度较高，也具有更多的健康服务功能需求。而目前的居住区户外绿地环境的营造，仍主要关注形式美化和生态服务功能，缺少对健康服务功能的考虑，以及对于家庭结构变化带来的特殊使用要求的针对性设计，难以满足多样的精细化需求。这就凸显了居住区外部空间环境营造引入康复景观疗愈体系的重要意义。关于营建、改善未来居家养老人群进行健身、社交和园艺活动，提升生活质量的主要环境，在居住区绿地引入康复景观自然疗愈体系，进行相应场地设计和设施规划，营造复愈性环境，支持老年人的主动健康行为，提高应对慢性病和心理问题的能力，相关举措势在必行。

2. 主动健康与居住区环境

20 世纪 70 年代，随着人类对健康问题认识的进步，现代医学视角逐渐从依靠医疗技术进行疾病治疗的消极模式，转向健康管理的积极模式，强调激发人自身的潜能，通过主动健康干预模式，提高身体抗病的韧性，促进身心健康的全面平衡。主动健康的根本特征体现为一种充分考虑个体主观能动性和整体性的健康医学范式，主要着眼于人体系统整体涌现表达出的功能状态的动态变化，而不是局限在微观指标的大与小、多与少、高与低的静止比较。

主动健康医学的理论体系具有完整性和科学性。传统的被动医疗以静止的观点认为指标的偏离都是疾病，是有害的。而主动健康的观点则相反，把不规则、不确定看作基本特征，认为人体可以从远离平衡态的波动复杂性中获益，可控性的波动越大，人体获益越大。其过程遵循着生物学的进化规律，即在人体系统内外环境的刺激下，人体吸收外界环境负熵产生新的自组织行为，形成新的有利于机体的结构，实现慢性病逆转。主动健康主张以整体性和长周期的视角，通过自然化和科学性的方法，对人体主动施加正向的、积极的刺激，从而引起人的微观层面的复杂反应，激发人体的免疫力，强化人的多向度适应性，进而提高人的体质和机能，达到预防疾病、减缓病症、逆转病情和延缓机能衰退的多重目的。从直观的阶段来看，主动健康意味着个体拥有更好的恢复力、更快速的伤口愈合能力、更多的生理储备、更高的生活满意程度等正向积极的生理和心理状态。

积极心理学理论将主动健康量化为相互独立的三类，即生理、心理和功能资产。控制高胆固醇饮食、肥胖等传统不良健康风险因素后，这些资产以一种或多种方式产生主动健康结果，如延长寿命、降低发病率、降低医疗开支及更好的疾病预后等。主动健康就是调动那些对人的健康起到决定因素的资产，无论是个人内在的遗传因素、行为习惯等资产，还是外在的自然环境、建成环境、社会环境及健康服务资产，降低或减少导致疾病的风险因素，增强和维持健康的积极因素，如健康的饮食和健身习惯，达到"身体、情绪、社会适应性、精神和智力健康的水平"。

研究表明，人口健康（而非疾病）的决定因素与个人和社区拥有的一系列健康服务资产有关，相关领域开始用类似于研究人口疾病模式的传统流行病学方法来理解健康模式的积极方法，关注哪些资产有助于健康，而不是哪些缺陷导致了疾病产生，并重新考虑与评估旨在加强健康资产而不是消除或治愈疾病的健康干预措施。这使得居住区环境在促进居民身心健康方面扮演日益重要的角色。作为一种健康资产，居住区环境的主要作用就是促进居民的体力活动。与其他城市环境相比，居住区环境相对安静、边界清晰、可达性好、为居民所熟悉、安全性高，有利于居民日常健身休闲和步行活动的开展。体力活动是调节个体身体素质的重要途径之一，如散步和健步走是城市社区居民提高日常体力活动量、增强身体素质、提升抵御疾病能力、减少疾病发生的主要方式。而康复景观自然疗愈体系的相关活动具有与体育运动近似的消耗强度，在功能上具有更多的健康效益，因此，居住区康复景观环境营造将为社区居民的各种健身疗愈活动和日常体力活动提供安全、便捷的实施环境。

城市居住区环境对人类健康有重要影响，这种影响是悄无声息、潜移默化、缓慢持久的。大量研究已经证实，居住区绿地对公共健康具有多层面的效益。居住区公园能够增加居民的生理活动，降低成年人的身体质量指数（BMI）和血压，以及治疗慢性病。此外，不同类型的公园、绿地还有助于促进隔代间和多元文化的交流，从而改善邻里社会关系，降低犯罪率，促进房产增值。

主动健康的整体观着眼于国民健康保障体系。当前的医疗保障体系是以治病为目的，主动健康保障体系则以防治结合为基础，为居民提供持续健身的动力，以创造全民美好幸福生活为目的。作为城市中最基本的生活单元，城市居住区被喻为城市的细胞，分布广泛，也是居民活动频率最高的场所，与居民生活、休憩联系最为密切，因此它是建设主动健康保障体系最合适的环境和基础。按照国家的有关规范和新近的标准，居住区有配套的分级开放空间系统，从宅旁绿地、组团绿地，到大型的广场、集中绿地和社区公园，都是潜在的主动健康支持性环境，是居民进行体育健身、社会交往较为方便和频繁的场所。居住区完善的组织管理体系、群体和社会机构形成支持性社会资本，可以被调动起来，组织引导社区居民进行各种健康促进活动，建立网络化的健康服务平台。

以人的健康为出发点，城市居住区环境如果引入康复景观等自然疗愈体系，必然会发挥更大的效能，影响和推动整个社会的健康与和谐，成为健康中国和健康城市建设的重要实施空间。老年人可以就近在宅旁绿地进行健身活动和疗愈实操，体力充沛的青少年可以在更大的公园、绿地中进行高强度锻炼，工作承压人群可以利用中心绿地的幽隐环境进行冥想复愈。居住区环境为个体或者家庭、邻里等群体的健身活动提供各种支持性空间环境，帮助居民建立积极的生活方式，促进主动健康行为，包括增加活动次数、扩大社会联系、与自然环境更多接触等，有助于居民增加自然体验、提高耐力、减轻压力、恢复精力等，增加居民的健康资产，最终实现良好的身心健康状态。

科学规划与合理设计的城市建成环境能够促进人的运动，带来健康福祉。尤其是居住区环境，与居民日常的生活、行为密切相关，是非常重要的健康资产。一个生态环境美观、健康设施齐全、充满活力的社区，无时无刻不唤起居民主动健康的意识，促进健康行为的发生，帮助人们实现最佳健康的目标，达到"身体、情绪、社会适应性、精神和智力健康的水平"。因此，在主动健康视角下，优化居住区空间环境质量和社会组织机制，通过科学的方法和适宜的技术手段推动自然疗愈体系建设，显得尤为重要。

在探寻缓解疾病、保持健康的方案的进程中，国内外康复景观自然疗愈领域的最新进展，使得人们对于风景园林学科在健康方面的积极作用有了深入认识，对自然疗愈体系的应用前景有了更广泛的共识，以健康为导向的康复景观设计成为当前风景园林领域的一个重要视角和议题。

1.1.4　心理健康问题人群比例的攀高

从世界卫生组织关于健康的定义可以看出，心理健康是人的整体健康不可分割的层面。随着城市人群面临的工作、生活、学习压力越来越大，以及高发的慢性病的影响，我国城镇居民的心理健康面临着诸多问题。由于文化习惯的因素，以及缺乏相应的知识，人们普遍对心理问题采取了回避、无视的态度，诸如儿童群体中易发的自闭症、多动症（即注意缺陷与多动障碍）、学习障碍，中青年工作人群面临的焦虑症（即焦虑性神经症）和慢性疲劳综合征，以及老年人群的抑郁症、阿尔茨海默病等问题，在很多时候未能得到及时的治疗或缓解，对人的正常生活和健康福祉造成比较大的影响，加大了治疗的难度和社会成本。

人的一生中多多少少会遇到逆境，人的心理波动，高兴或悲伤，振奋或消沉，平静或愤怒，一切喜怒哀乐都是正常的，只不过要学会自我调整，控制好尺度，不要长期沉浸在消极的情绪之中，或形成偏激的执念。心理学研究倾向于把人的心理和行为的驱动成因归结为生物-心理-社会观点，认为心理与行为的形成是人的遗传因素、化学活动、荷尔蒙，教育程度和品性，以及家庭、文化和社会媒体等诸多环境因素相互作用的结果，意即生物的、心理的和社会文化因素之间的复杂作用塑造了人们的心理和行为特征，这也被视为导致心理问题和行为偏差的根源。从这一理论模型看，除了遗传等先天生理素质因素外，后天心理认知的纠正和引导，以及社会文化与环境氛围的熏陶，可以积极地减少心理问题疾病的发病率，或者减轻症状给人们带来的痛苦和其他不利影响。

相关研究表明，人口数量的攀升、空间拥堵、竞争压力过大以及生活节奏的加快等因素共同造成了亚健康问题在城市人群中的蔓延，严重影响家庭和社会和谐、个人发展计划的实现以及生活、工作质量和幸福感的提升。应对我国城市居民的亚健康问题刻不容缓。北京大学心理咨询与治疗中心及专业心理咨询服务平台联合发布的《2016心理健康认知度与心理咨询行业调查报告》指出，98.1% 的受访者面临心理困扰，超过 70% 的受访者面临抑郁、焦虑等情绪问题（图 1.2）。但是，大多数受访者应对心理困扰的方式都是非专业的，67.5% 的受访者选择用购物等休闲活动来应对心理困扰。只有 10% 的受访者会去寻求专业的心理帮助。

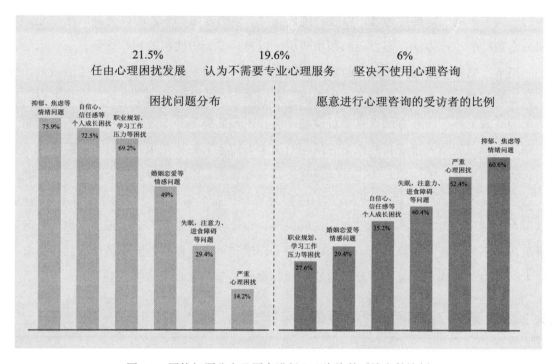

图 1.2　困扰问题分布及愿意进行心理咨询的受访者的比例

从生物-心理-社会观点的心理问题发生机制看，一个人在心理症状累积成为严重问题之前，及时进行积极的干预，或者保持健康的生活状态，对预防心理问题的发生，或者减轻心理障碍的严重程度，具有重要的价值。很多心理障碍产生的根源与人们的认知错误密切相关，而自我隔离的生活状态和信息化社会社交方式的改变，无形中会加大这些风险因素，使具有这种倾向的人群失去及时自我纠偏和得到支持的机会。居住区环境的天然优势就是它的邻里氛围与生活紧密联系。居住区绿地良好的可达性提高了人们参与各种公共活动的概率，多样的社会圈层也提供了丰富的社会支持。然而，目前在我国社区中，针对健康指向的活动、大量的空间和社会资源利用率有待提高，应对居民心理健康的预防和疗愈的项目有待进一步开发。

康复景观自然疗愈体系因其多方面的优越性能，在欧美国家得到普遍实施，不仅与各类医疗设施一起被用来改善就医人群的身体机能、治疗慢性病，还在各类心理治疗中心得到广泛应用，作为辅助手段，减轻患者的症状，纠正认知偏差，加快复愈进程，巩固治疗效果。一些国家的学校和社区普遍建立了自然疗愈体系，帮助社区居民应对工作压力、恢复精力，或治疗各种心理问题，包括患有神经性厌食症和暴食症的青少年，机能衰退或不能自理的老年人、抑郁症患者，以及自闭症儿童。自然疗愈体系之所以受到广泛欢迎，是因为它独特的治疗方法、多方面的积极作用，以及许多无可比拟的治疗优势。

当下，随着生活与工作压力的攀升，以及环境污染引发疾病的增多，对生活质量、身心健康的调整与康复成为人们关注的焦点，人们需要在传统医疗技术之外，寻找多样、自然化的有效治疗手段和方法来克服目前被动医疗干预的弊端和不足。以利用绿色元素和绿色空间为特点的康复景观自然疗愈方法应对国家当前重大社会需求，针对当前医疗体系弊端和传统健身存在的问题，依托社区现有公共服务体系、空间资源和社会健康资产，利用人适应环境的能动性、心理特点和行为规律，结合居民行为偏好和自我健康管理科学机制，激发人的健康行为动力和身体潜能，实现生理、心理和社会层面的全面健康，也为社区健康服务体系注入新的内涵和活力。它以低成本、便利、安全和有效的卓越性能，成为有着巨大吸引力的新兴主动健康手段，将给个体和家庭乃至国家带来诸多效益。

1.2　康复景观应用的意义和目标定位

1.2.1　应用的意义

将康复景观自然疗愈体系应用于居住区绿地环境设计，不仅是对康复景观本身形态的借鉴和技术的应用，更是对我国居住区健康服务体系创新管理和实施平台构建的有益探索，进一步凸显了居住区绿地环境景观设计的价值转向和功能拓展，以及对居住区空间和社会资源的综合利用战略转向。以康复花园（Healing Garden）、使能花园（Enabling Garden）和治疗性花园（Therapeutic Garden）为代表的康复景观自然疗愈体系，综合应用西方环境心理学、现代循证医学，尤其是园艺疗法和心理治疗综合技术，在自然环境中利用绿色空间和自然元素，通过被动复愈体验和主动园艺实操来帮助特定人群促进身心健康恢复和积极的社会融合，从而达到最佳的健身效果或治疗目的，并最终实现全面的身心恢复。

根据服务人群的不同，康复景观一般可分为两种类型。一类是康复花园，如通用的康复花园或复愈花园（Restorative Garden），特指使用者无论是居民还是访客，都可随心所欲地坐下、行走、观看、倾听、讲话、沉思、休憩和探索。康复益处来源于身处花园中的被动的感知体验，而治疗师或工作人员并不是必需的，此类花园可以设置于急诊住院处，或用于老年人的居住设施、临终关怀设施或门诊等处。

另一类是具有特定的医疗和治疗背景，包括使能花园、治疗性花园等，是由专业或专职的注册园艺治疗师（Registered Horticultural Therapist，RHT）、职业治疗师（Occupational Therapist，OT）、生理疗法师（Physical Therapist，PT）以及与其他专业诊疗人员协同进行引导，进行康复活动。例如，注册园艺治疗师可以将植物的播种、浇灌和移植等活动应用于中风患者的恢复治疗中；生理疗法师或者职业治疗师可以通过鼓励接触、抓取和锻炼的方式帮助肢体受伤的患者进行机能恢复。这种情境下，康复益处来源于花园内的亲身活动和锻炼，此类花园多设置于康复医院、精神和行为健康中心及儿童医院。使能花园允许不同年龄段、不同能力的参与者全身心地参与和体验花园，通过设计实现无障碍的自由，并在无危险的环境中提供感官刺激和生理活动。

将康复景观自然疗愈体系引入居住区景观环境塑造和健康服务体系，将为传统的居住区绿地景观增加健康服务的功能，超越了以往生态和美学的考虑维度，针对居民不同层次的需求，调整景观要素的构成和设计原则，提供不同的复愈体验和康复活动。这一举措更大的意义在于，从社区健康资产的角度，重新审视遍布城市的居住区网络的社会意义和空间环境价值，为探索新型基层健康服务体系和健康行为促进方法提供思想模型和理论技术支撑，具有全新的意义。

1. 居住区空间环境营造方面

（1）深化居住区景观设计的"以人为本"理念。康复景观是从"以人为本"理念出发，在更为宏观和全面的视角下，将景观作为人的服务要素，其最终目的是通过强化人与环境的双向作用，改善人体机能，达到益体康健的作用。在促进人与环境的互动过程中，如自然环境中的复愈性改制、园艺实操的沉浸式融入，自然疗愈的过程更侧重对人的心理、生理和社会需求的应对，以此调动人的机体潜能。人是环境使用的主体，是景观设计前期调研、中期设计直到后期使用反馈的核心，扭转了以往设计过程中对形式的过度追求，从本质上深化了我国居住区环境规划设计的"以人为本"理念的价值和意义。

（2）推动多学科合作与升级传统居住区环境规划设计。康复景观起源于循证医疗环境，因其功能指向和应用载体的特殊性，在整个规划设计过程中，参与者包括景观设计师、心理学家、治疗师、建筑师、园艺师等多领域专业人群，避免了单一专业人群主导所带来的局限性、形式和功能僵化等现象，这对后续景观功能的外延拓展，尤其是对于改善景观设计师一方主导景观设计的现状，具有很大的借鉴性。多专业的有机结合不仅有助于构建出居住区环境的完整设计体系，更使得这类城市环境结合目标指向得到本质上的改善。

（3）提供健康城市的居住区环境改善的新视角。城市化的发展带来了许多环境质量的问题，制造了诸多的环境消极因素和应激源，如高强度的开发、过度人工化的界面、破碎化的自然景观格局，会同各类可见或不可见的环境污染，无时无刻不在侵蚀着城市居民的身心健康。此外，日趋激烈的社会竞争和不健康的生活方式等无形的压力，给城市居民带来心理健康的困扰。人类健康问题的科学应对一直是人们关注的焦点。康复景观不仅为健康城市整体环境的营造提供新的视角，更为城市建设在社区环境营造方面提供了一个微观的切入点，进而深化、细化健康城市的内涵，为实体空间环境的营造提供一个可以操作的平台。

2. 健康服务体系构建方面

（1）康复景观自然疗愈方法首先来自医疗照护体系，它沿袭了该体系严格的管理流程，以及循证医学的评价特点，具有独特的医工合作视角和超前的顶层设计，为探索在城市各级各类环境的应用实施提供了坚实的保障，多学科协同兼容，理论基础完善，技术特点鲜明。

（2）创立了具有吸引力的疗愈形式和健身内容，融娱乐、休闲、社会交往及治疗于一体，消除了患者和健康风险人群的自卑心理和耻辱感。所有参与的个体，无论是园艺师、治疗师、活动组织者还是目标人群，在活动中都是平等的，有助于激发居民参与的热情，提高社区公共参与的效果。

（3）将居民传统上自发的健身模式转变为在专业人员指导下的循证健康促进方法，提高了居民预设健康目标的精度和广度，明晰了对健康效果的评价指标和评测方法，对于建立标准化、循证化的社区健康促进体系和实施平台，提供了理论支撑、技术手段和实施经验，具有重要的社会价值。

（4）在欧美国家，康复景观自然疗愈体系不仅应用在专业性极强的医疗照护环境，帮助患有战场创伤后应激障碍（PTSD）的士兵恢复心灵的平静，针对患有脑神经损伤的后遗症人群进行功能康复，还被家庭和社区用于改善出院患者的生活质量和提高幸福感，减缓患有阿尔茨海默病老人的病情发展，或是帮助自闭症儿童恢复社会交往能力，走出自我隔绝的阴影。因此，这种新型疗愈体系提供了身心健康全面促进的可能性，在国家和社会层面建立了一种医用民用共享的健康促进技术，健身与治疗相结合，具有广谱、广泛靶向目标的特点,从而能够应对居民多样化的健康需求,是一种具有全面普及价值、广阔应用前景的新兴健身疗愈手段。

(5)引入循证支持的自然干预体系,有利于构建专业化、多元化的健身模式,将传统的体育健身方式与自然疗愈、心理治疗、照护康复等体系结合,融入日常工作、生活、休闲等各类体力活动之中,提高居民参与的兴趣和投身体育健身的积极性。

(6)为贯彻国家主动健康和全生命周期理念,贯彻未病先防方针,开辟多种有效的实施途径和手段,同时,也有助于提高城市基层健康公共服务质量和运行效率,应对时代变化和居民多样化的健康需求,通过融入城市—城区—社区三级健康服务体系,建立全民健康服务动态监测、健康资源智慧化管理机制,应用新技术、新策略和综合管理模式,将居民、组织机构与城市空间环境紧密连接起来,更好地发挥全民健身公共服务体系的功能。

(7)健康不是依靠一时的热情和时断时续的健身活动能够获得的。康复景观自然疗愈体系的巨大优点就是将健身、治疗和娱乐结合在一起,能够推动居民持续地从事这种健康的生活方式,同时能够美化生活环境。自然疗愈活动适合成组进行,为居民增加社会交往创造了机会。此外,疗愈活动的组织性和专业治疗师的指导过程也会成为一种督促和支持,有助于改变社区居民的行为习惯,提供健康行为策略,培养居民参与自然疗愈的动力和自我管理能力,解决以往多数人无法坚持体育健身的瓶颈问题。

1.2.2 目标定位

康复景观自然疗愈体系的一个显著特点就是它作为空间实体环境,与其承载的人的疗愈活动密不可分,既是被感知和体验的对象,又是承载疗愈活动的空间载体,二者相辅相成、互为依存。康复景观引发的自然疗愈活动主要有两类:被动恢复性感知和主动园艺实操。

康复景观作为一种复愈性景观形式,承袭了景观所固有的物理空间属性,具有作为人对环境感知对象的一切能动特征,即实体形态的生动性和美学欣赏的趣味性。卡普兰夫妇将这种可识别的特征归纳为逃离性(Being Away)、新奇性(Fascination)、延展性(Extend)和兼容性(Compatibility)。在被动复愈性感知体验中,人处于相对静态的状态下,通过视觉、听觉、嗅觉等感官感受,品评自然环境不同于人工环境的野趣和美感,从而获得心灵的宁静和放松,达到减缓压力、提高精力的效果。居住区中的人工自然环境包括花园和绿地,同时也会带来新鲜的空气和有益健康的挥发物,作用于人体而起到促进健康的作用。要实现这一目标,还需要建立一种新的工作流程和设计方式,为当代景观设计师和社区环境规划人员提供理论视角与技术方法,力求项目设计能够从人的健康需求出发,应用切实有效的方法和手段，基于循证评价的手段，确定筛选出优先排序的技术指标特征和形态组合，保证建成后的景观能够最大化引发观赏者积极的互动和健康促进效果，实现预定的目标。如此，康复景观在居住区中实施应用的首要目标就是建立让人耳目一新、充满自然体验的复愈性社区绿地环境，来满足居民减压放松需求和愉悦心情的审美偏好。

康复景观的另一类健康促进效益在于，以康复景观环境为背景开展的主动式疗愈活动，包括植物种植、移栽和维护过程的作业操作，以及后期收获、分享和艺术创作活动。初期园艺作业活动有利于参与者建立正确的认知观念，认识到自然界生命的顽强以及永恒的更替过程，辛苦的付出终将获得可喜的收获；园艺操作的后期实施将带给参与者成功的喜悦、自我实现感和与人分享的快乐；艺术创作将开启参与者新的思维，改变其固有的、僵化的认知习惯，见证其创新的潜能，增进成功的信心。

康复景观所隐含的这种主动疗愈活动，更符合当今循证医学的理论观点，也与主动健康的思想如出一辙，有着天然的衔接性和耦合基础。因此，康复景观所引发的第二类疗愈活动有着广泛的拓展潜力，既可以作为出院患者从医疗环境向正常的生活环境过渡的中间产物，或是回到居住环境中的延伸治疗的一部分，也可以作为亚健康人群和老年人群寻求保健、未病先防的一种良策。所以，康复景观自然疗愈体系在居住区中实施应用的第二个目标，就是建立一种独立的或联合的自然干预体系，纳入社区健康服务项目，一方面可以与全民健身活动融合，建立"体医结合"的健康服务系统，将运动健身与自然疗愈协同发展，构建全民健康、全民健身的综合公共服务体系；另一方面与公共卫生和康复医学协同，强化循证疗愈的科学性和实效性，作为居家康复和居家养老的新的辅助手段，也是个体全生命周期视角下，促进社区全人群身心健康的有力保障。康复景观这种多通道的协同发展模式，有利于在主动健康框架下，依托社区的公共卫生和健康服务平台，发挥自然疗愈体系调动空间环境资源和社会环境资源的优势，建立多元化健康促进服务模型，满足不同背景人群的健康需求，构建高效智慧型全民健康公共服务体系。

康复景观自然疗愈体系在居住区实施应用的第三个目标，就是建立跨学科循证式自然疗愈活动标准模块和健康效能科学评测方法。传统的体育健身活动简便易行，是目前社区居民主要的健身防病的形式，问题在于这种自发的健康促进行为的效果无法得到准确的验证，多数人依靠自我感觉和经验决定活动的强度，对于复杂的慢性病治疗的需求缺少精确的治疗方案和测定标准；至于心理健康方面的改善，多数类型的体力活动更是缺少有效的应对手段。

自然疗愈体系作为一种循证的干预技术，在社区中的活动过程会得到组织机构和专业人员的支持。对于健康效能的判定，通常依托于医疗照护体系的评价方法，其活动内容、强度和实施流程都经过长期的研究和实践，已经形成针对不同疾病和健康需求的标准化实施模块，因而具有较高的健康促进价值和科学依据。基于社区公共健康服务体系的数据支持，可以精确地为参与个体或人群制订具体的疗愈方案，同时可以根据取得的进展，调整后期活动内容，以取得最大化的健康效果。

将康复景观自然疗愈体系引入居住区实施的第四个目标在于，构建一个复愈性环境，以支持社区中开展的各类健康促进活动。由于居住区通常位于高强度开发的城区，自然环境所剩无几，所配置的绿地系统几乎都是后期培育的人工绿地，其空间设计、场地形式以及植物选择主要考虑生态服务功能、美学价值和噪声隔离问题，很少考虑居民对于健康活动的需求。相对于压抑、呆板的建成环境，自然环境给人以柔和、浪漫、清新的气息，康复景观由于遵循循证设计的原则，按照人在环境感知和活动时的行为特点与审美偏好进行设计，因此能够取得更好的复愈效果，提高了空间资源的使用效率。

对于那些用来实施园艺活动的康复景观，则有更进一步的要求，其植物配植、场地布局、设施配套与传统的居住区绿地营造原则迥异，其关注点不仅在于景观形式与场地规模，更在于人与自然的亲近性、连通性和可操作性。植物的配植尤为关键，既要考虑美观、安全的需要，又要根据疗愈活动内容的不同，相应选取不同生长周期和习性的品种作为实操材料，以保证疗愈活动的实效性。

由居住区康复景观的目标定位可知，康复景观的设计要求和流程与传统的景观设计有着很大的不同，既要体现传统的美学规律与原则，遵循绿地系统可持续生态营造原则，又要密切结合居民的行为规律、活动内容、场地条件以及各种健康需求进行针对性设计。在这种创新性的尝试中，国外的经验和模式可以提供参考和借鉴，但最为重要的还是结合我国居民的健康情况和审美偏好进行调研，提取设计的依据，进行本土化设计，这也是康复景观理论应用于我国城市居住区景观设计的前提条件、切入点和注意要点。另外值得一提的是，在这种自然疗愈体系的构建过程中，必须注意与传统绿地功能的衔接与协调，做好功能划分。康复景观理念是对城市原有绿地系统的一种修正，而不是取代。只有尊重居民原有的生活习惯和健身偏好，才能体现出康复景观自然疗愈体系实施的可行性和巨大价值，使其成为促进全民健康新的力量。

1.3 康复景观设计国外与国内的发展现状

1.3.1 国外发展现状

1. 历史渊源与演变历程

康复景观是现代康复医学和风景园林的完美结合，其核心内容和缘起来自康复花园，历史悠久，但充满现代内涵。国外专家、学者及各类机构都进行了大量的分析和研究，理论层面呈现出系统、成熟的特点，推广与实施并重。

最早的有据可循的康复空间可追溯到古希腊时期公元前4世纪，位于埃皮达鲁斯的供奉希腊医神阿斯克勒庇俄斯的神庙。在这里，沉睡的病人被认为可从医神阿斯克勒庇俄斯那里获取处方药，醒来时，由医生治疗他们的疾病。

中世纪时期，德国医生希尔德加德·冯·宾根将来源于园艺实践中的绿色概念融入医学中，认为人体就像植物一样，具有生长、发育和治愈的能力。

随着医院利用回廊式的庭院照料病人，康复花园进入第一个繁盛时期。欧洲的回廊花园最早被定位为沉思及疗愈的户外空间，庭院中种植各种药用植物作为医院治疗病人的辅助手段，使他们感受到平静、安详以及自我存在的意义。除了种植蔬菜和水果，草药及玫瑰、百合、鸢尾等传达礼仪的花卉也在候选之列。中心庭院种植草皮，象征重生和永恒的生命。通常在庭院的角落种植一棵杜松，象征生命之树，庭院以井或喷泉为中心，形成十字形的水体，并将庭院划分成四个四边形。

英国医院和监狱的改革者约翰·霍华德指出，在马赛、比萨、君士坦丁堡、的里雅斯特、维也纳和佛罗伦萨的有些花园，病人可通过窗户或者在走廊看见花园，并且有散步的地方。

到了17世纪，英国富贾和慈善贵族阶级希望自己的豪宅庭院可以像医院一样，具有治愈的作用，因此建筑师建造了一些豪宅式的医院。例如，克里斯托弗·雷恩设计建造的伦敦切尔西皇家医院，草坪宽敞，庭院开阔。但是对于大多数人来说，医院仍然是避难所。出生、疾病、康复和死亡的主要地点仍然是家里。

18世纪末，第一批提出医院花园式设计的建议者中，德国的园艺疗法理论家克里斯蒂安·凯洛伦兹写道："花园应该与医院直接相连，从窗户望向外面，快乐的景象可以使病人充满生机，并且鼓励他们行走。植物需沿着小路播种，并设有座椅。"这些描绘均表明20世纪末研究学者的发现，为自然或视觉疗法可减轻压力提供了可靠的实证。

医院设计和户外空间的一个重大转变是阁式医院（Pavilion Hospital）的发展。新建医院特别注重卫生和通风。英国护理专业和公共健康的改革者弗洛伦斯·南丁格尔积极支持新建卫生医院的计划。南丁格尔在照顾克里米亚战争伤员的过程中发现，在帐篷和临时建筑中受治的士兵与在传统医院受治的效果不同，因此提议通过设计、卫生和照料质量的结合降低高死亡率。

浪漫主义的发展与兴起促使人们重新审视自然对生理和心理康复的重要作用，户外空间亦被纳入治疗要素中。卢梭和歌德等作家赞扬自然的力量可促进沉思以及情感与精神之间的联系。人们模仿自然构建景观，城市公园成为提升居民身心健康的一部分，也是在这一时期，自然作为恢复性环境的一部分再现，尤其在精神治疗方面。

1813 年，北美蕴含此类思想的第一所医院建立——位于费城的朋友避难所医院。1850年，专业的正统思想接受了自然景观具有治疗疾病的作用，并且认为思想和身体应结合治疗。

第二次世界大战后，园艺疗法逐渐成为专业治疗的一部分，花园被用于身心健康恢复的一种手段，并且建立了专业的学位课程，室内外园艺课程在很多医院实践，如军队医院、精神病医院、慢性病照料机构和恢复医院等。专业受训职员和治疗员工合力帮助那些经历创伤后应激障碍，创伤、中风、脑损伤和其他形式的行动不便的患者恢复健康。这些专业人员也在医院和老年人相关机构工作。

20 世纪 70 年代开始，康复花园在西方国家拉开了帷幕，在园艺疗法层面，相关组织机构开始出现。20 世纪 90 年代后，在社会变革的推动下，医疗成为相关医疗设施及其环境设计的重要目的之一，对人们心理的关注成为治疗的核心，康复花园开始进入繁盛期。20 世纪 90 年代中期，康复花园开始在医院、慢性病照料机构、关爱中心和老年人社区出现。1999 年，展示获奖机构和网页的康复景观网创建。美国景观建筑师协会开始举办专业的康复花园主题的研讨会和参观活动。2003 年，芝加哥植物园学院开设了"康复花园设计"的研究生课程，学生遍布北美及海外。很多学者和官方都开始撰写文章、书籍，起草自然作为医院设计的条文导则。整个社会也开始觉醒，认识到自然的益处，很多生态学家和生态女性主义运动的作家都倡导与自然合作。

20 世纪中叶后，医学核心从疾病到健康的转型，带动了医学模式和康复花园的发展。1994 年，马库斯等人第一次对美国康复花园进行系统的"使用后评估"，对旧金山地区 4个医院花园采用视觉分析、行为地图和随机采访等多种研究手段进行评估。该使用后评估为后续康复花园的调整提供了依据，包括树木和绿植的加大运用、积极地位和挖掘的可能性。

20世纪90年代末，介绍康复花园案例的书籍包括《康复花园：理论与实务》《康复花园：可治病的景观》《康复花园：户外治疗环境》等，都介绍了大量的建设性成果，并附案例分析，进一步获取相应的设计原则。

近些年，康复景观的研究逐渐拓展到其他领域，如旅游、乡村地区、家庭等，研究地域也逐渐扩展到东南亚等国家，研究对象、载体、地域等外延拓展加强了康复景观研究的多学科交叉性，使得康复景观的理念更加普及化、大众化，也表明当前公众对健康意识的逐渐重视。相关研究方向包括：基于文化地理学概念，研究为何有些地域被认为具有康复作用；从符号学角度，研究文化在象征性景观中的作用；将康复景观作为自闭症儿童家庭构建的主题，打造更适合每个家庭成员的家庭性康复环境；专门研究康复景观和女性偏好之间的联系，以提升女性在门诊或住院时的幸福指数。

2. 研究层次的深化

康复花园领域的书籍、论文的大量出版和发表将人们的目光聚集到了康复这个议题。2000年以来，关于康复花园的设计及其理论、适合在康复花园治疗的疾病类型、医疗花园能够产生医疗效果的作用机理以及医疗效果等研究资料逐渐丰富，国外康复花园发展现状见表1.1。沿着良性发展的主线，专家、学者的研究方向逐渐从基础升华。例如，对于人们的参与从前期的意见收集延伸到使用过程中的心理反馈和其与自然要素之间的作用，从康复花园如何建设到后期人们使用的评估，从最初医疗环境的应用场所逐渐拓展到其他领域，如校园等。这些后续的研究开启了康复花园研究的新阶段。

2014年，Stephen Siu Yu Lau 在 *Healthy Campus by Open Space Design: Approaches and Guidelines*（《健康大学开放空间设计：方法和原则》）一文中，将康复花园应用到大学校园空间设计中，并采用城市机理不同的两所大学校园进行说明。高层建筑会限制空间的尺寸，阻碍流通和可达性，但是小空间能够通过自然恢复要素为使用者提供更为亲密的交流以及可控性的小环境，从而提高身体的舒适性，健康的校园需实现空间的多样性，满足不同的需求。

表 1.1 国外康复花园发展现状

阶段	国家/学者/机构	核心内容	意义
基础阶段	美国/马库斯	书籍《康复花园:理论与实务》	明确康复景观治愈作用,提出指导性设计建议
		1994 年,第一次对康复花园进行系统的"使用后评估"	提供后续调整依据,树木和绿植利用最大化的可能性
	ASAL	资助康复景观资源数据库	为各学科感兴趣的人员提供了交流的平台
	美国/乌尔里希	自然压力痊愈理论,以统计学的方式论证景观的康复效用	康复景观学说的理论基础
深化阶段	Anna Bengtsson	提出康复花园此类医疗场所的质量评估工具	完善了康复花园评估体系
	Sandra A. Sherman	对癌症中心周围的 3 个医院花园进行了使用后评估	证实花园使用方式、使用者类别以及年龄这三方面的差异
	苏·明特	书籍《康复花园:生理和情感健康的实际指南》	选择有益健康的植物物种,指导植物资源用于治疗
	马库斯,萨克斯	书籍《康复式景观:治愈系医疗园和户外康复空间的循证设计方法》	借鉴大量康复花园成功案例
外延阶段	Palka,Kearns,Collins,Kiernan	将康复景观应用于儿童健康营地、家庭空间、日常活动区域	恢复身患慢性病儿童的自信,减少自发性身体综合征
	美国	将康复景观应用到老年公园以及针对边缘群体	康复景观转向特殊人群以及自然建成环境成为可能
	加拿大,法国	特定建筑的景观设计	参观者能获得情绪放松和精神上的洗礼
	希腊,丹麦	矿质温泉,森林医疗花园	世界范围内示范和带动作用
	Stephen Siu Yu Lau	大学校园空间的康复性设计	开放空间和自然要素帮助学生减压、恢复自我

Anna Bengtsson 于 2014 年提出了应用于康复花园此类医疗场所的质量评估工具,以及工具下的理论原则和 19 项环境指标,其中 6 项基于室外环境的舒适度、13 项基于自然环境的可达性。使用后评估的研究如 Sandra A. Sherman 在 2005 年发表文章,对癌症中心周

围的 3 个医院花园进行了评估，花园使用者达到 1 400 人，人口信息、活动和停留时间长度等相关数据被记录下来。实验结果表明了花园使用方式、使用者类别以及年龄这三方面的差异；并且初步调查显示，当人们处于花园中时，情绪压力和疼痛度比在医院中要低。

2005 年，苏•明特所著的《康复花园：生理和情感健康的实际指南》一书针对普通大众，在如何选择有益健康的植物物种层面给出了全面的建议，并指导如何将植物资源用于治疗的目的。2014 年，马库斯和萨克斯共同出版了《康复式景观：治愈系医疗花园和户外康复空间的循证设计方法》一书，与 1999 年马库斯和巴恩斯所著的《康复花园：康复益处和设计建议》相比，此书借鉴了风景园林师和健康服务者近些年的康复花园成功案例，更加丰富了现有的研究资料。

3. 应用领域的拓展

在过去的 20 多年，康复景观作为治疗的一个实体场所，供人们游憩以达到生理、心理和精神上的治愈的趋势得到了极大的发展。通过文献统计可以发现，目前康复景观应用的研究领域较为广泛，已经从传统的医疗环境逐步向外蔓延，包括国家公园、营地以及家庭、社区导向的环境等。

位于阿拉斯加的德纳里国家公园的康复景观，相关研究提出其中的环境具有恢复、治疗和促进健康的潜能。Palka、Kearns 和 Collins 讨论了在健康营地与野生动物交流和户外活动道路对于生病儿童的重要性。同样，Kiernan 等人展示了康复娱乐营地有助于身患慢性病的儿童恢复自信，减少自发性身体综合征。此外，有一些研究学者将家庭空间通过正式和非正式的照料，转型成为针对老年群体的康复空间，展示了家庭作为康复地点的重要性。除此之外，研究学者还将研究领域拓展到社区和城市的日常活动区域，展示了社区公园在支持老年群体社会交往、提升生活质量和健康方面的重要性。

康复景观也被应用在校园的开放空间设计上。研究发现，大部分的大学生喜欢选择自然环境的开放空间，当他们压力较大、失望、压抑、生气或者困惑的时候，这类空间能够改善他们的情绪。开放空间通过它的美丽、宁静、芳香，自然的鸟叫声、水声，阳光接触以及其他自然要素帮助学生减压、恢复自我。

康复景观的应用与实施场所也正在转向特殊人群和自然的建成环境，如老年公园、老年居住照料设施、缓解中心等。特殊人群如恐惧症受创者等。

康复景观的应用领域还包括针对特定建筑的景观设计，展览馆、古迹等文化场所也具有类似的功能，如位于洛杉矶郊外的盖蒂中心，令人流连忘返。

自然环境是康复景观主要的研究载体，包括温泉、大海、森林等环境，在治疗方面一直享有盛誉，这方面的著名实例包括希腊埃皮达鲁斯的矿质温泉和矿泉疗养池等。森林基于其高质的、自然的、生态的环境，相关学者正在考虑将其医疗用途进行最优化。丹麦的纳卡迪亚森林医疗花园于 2011 年 11 月正式建成，开放使用后，患者受益匪浅，为其他相关机构的发展奠定了基础，起到了示范作用。纳卡迪亚森林医疗花园的设计理念就是在认知疗法理论的指导下，通过创造优美的花园环境和组织各种适当的园艺活动，帮助与精神压力相关的患者恢复健康。具体的活动包括可自我独立完成的活动，如休息、步行等；较高水平的园艺活动和社会活动，如播种、花卉收割等。除了这些小型项目，还包括群体性大型项目和活动，如装饰性活动，甚至利用树木建造房屋等。

4. 国外实践探索

康复景观为各类人群提供了被动体验和主动操作的复愈或治疗实施空间，20 世纪 80 年代以来，在欧美国家以及澳大利亚、日本等国取得较好的发展，各国、各地区的园艺疗法协会与当地的医院、精神病院、慈善机构、疗养院、康复中心建立并保持良好的合作关系。目前，美国和加拿大已有上千家医院在园艺疗法师、园艺师和具备专业技能的志愿者的配合下，通过植物为患者提供多种治疗方式，以缓解其情绪和身体上的不适。美国具备康复花园的医院比例已达到 20%，并持续上升。针对特定人群的医院需配备适合的户外活动场所：日本森林浴比例已超过 50%；利用植物鲜花的芳香疗法已在美国和日本出现；美国和加拿大已利用植物对身体和情感障碍进行尝试治疗；北美洲园艺治疗师的数量已超过 250人，并且分布于不同的机构，如疗养院、学校、医院等，他们工作环境广泛，从护士之家到监狱，从学校到医院，并试图为那些情感无处释放的人提供创新的、娱乐的、职业的活动途径，以便人们舒缓身心和减压。

加拿大在康复景观领域也有较好的进展，得天独厚的地理条件和自然资源推动了设计师自然景观规划设计的灵感和建设热情。与美国的情况相似，加拿大园艺治疗协会自 1987年成立以来，始终注重在研究的基础上进行实践。而地广人稀、具有大片原生自然地域的环境特征，为加拿大园艺疗法提供了更广阔的实施空间，也为实现园艺疗法与自然环境的有机融合创造了更多可能。现已实现了将园艺疗法花园建设在人们的生活区，如圭尔夫复健花园，社区园艺区作为花园的核心内容，为周边居民提供园艺科普和实操的平台，并鼓励人们认领、耕种植物，举办各种园艺课程、讲座等。整体植物意在充分激发感官体验：花园的静态游览区——"螺旋园"，在此可远眺河景；树木园则为人们亲近自然、安静思考创造优美的环境；天意农场作为治疗性空间，为有身心障碍的人士提供一系列园艺和农业活动，从播种、收获至产品加工、售卖等一系列过程，用以促进人们身体、心理、精神、社会全方位的康复。农场中还有一个为阿尔茨海默病老人服务的园艺疗法花园，特别设计了可供凝视的自然景物，"8"字形的散步路径、抬升花床等，强化对病患人群感官的刺激。

英国在这方面也具有悠久的历史传统，在国际上具有重要地位。英国园艺疗法协会是欧洲唯一的园艺疗法专业组织，主要从事园艺疗法专业技术人员培育、园艺疗法庭院设计实施与管理、相关信息搜集与出版物发行等工作。英国开设了园艺疗法在线培训课程，把蔬菜、水果和中草药等栽培以及容器种植技巧作为学习重点，同时重视培训学员与残疾人的沟通技巧和心理辅导技巧，并学习园艺治疗过程中的风险管理。

北欧国家也十分重视康复景观的积极作用，特别是瑞典和丹麦，已建立了许多医疗花园。到 2012 年年底，瑞典医疗花园数量已达到 300 余家，如阿尔纳普医疗花园、托勒普医疗花园、瑞典盟约医院医疗花园等。而丹麦的纳卡迪亚森林医疗花园更是实施了完善的主动-被动自然干预治疗体系。位于洛马市的瑞典农业科学院阿尔纳普校园内的益康花园建设于 2002 年，占地面积大约 2 万平方米，其建设目的是研究康复花园的两类园艺治疗方式，即观赏（静态）与活动（动态）对使用者的有效性。它着重于研究各种园艺治疗方式对使用者的实际效用，体现了园艺治疗的主要方式，并且兼具理论研究和实践运用的双重色彩。在丹麦众多医疗花园中，纳卡迪亚森林医疗花园的设计和运行最为突出。该医疗花园位于哥本哈根北部赫尔斯霍姆植物园内，距离哥本哈根 30 千米。植物园总面积 40 万平方米，医疗花园面积 2.5 万平方米。纳卡迪亚森林医疗花园是一片由树木、灌木和多年生草本植物组成的天然林景观，植物分层分布，形成三维立体结构，给人一种空间围合的感觉。建筑及设施的地面、墙壁和天花板是具有生命力的天然植物材料，无论是室内环境还是室外环境，患者都能够完全沉浸在自然之中，享受森林医疗的快乐。

此外，澳大利亚、新西兰、日本等国家的康复景观建设结合地域特点，在自然风景地和城市开放空间进行了规划和营造。尤其是在主动自然干预方面，将园艺作为一种主要的劳动治疗方法，在慈善机构、疗养院、医院中大量使用。日本是园艺疗法的后起之秀，1995年创设园艺疗法研修会后，全国各地相继建立疗法庭院的设施，积极开展相关活动并邀请世界园艺疗法学者进行讲学。2002 年园艺疗法进入日本高校课堂，相关研究现已取得不少成绩。作为老龄化程度最高和城市空间高密度的国家，日本在绿地建设中着重考虑弱势群体的使用，相关的研修会与研究组织对园艺疗法的探讨与研究细致入微。代表性的设施有位于福冈县北九州市的西野医院，集康复医院与老年人养生村为一体，充分利用城市环境及建筑内部空间作为实施园艺疗法的场所，建筑的选址和设计都十分注重与自然环境的结合，并充分考虑良好的观景视线，为常住与日间照护的老年人提供更好的服务。为智障者提供福利设施的福冈县丰前市惠光园也较有代表性，环境的选址和设计都力求发挥自然的治疗功效，基于自然环境基底组织 26 个不同主题活动单元，通过自然环境和园艺活动帮助症候人群提高人际互动、自我照护、应变等能力。

1.3.2　国内发展现状

我国在康复景观的研究上起步较晚，深受园艺疗法的影响，尚未形成较为系统的理论，并且缺乏设计的实例验证，实施体系尚未建立。文献研究多集中于康复景观的一般特点以及具体类型的设计等基础理论，也包括植物的医疗效果、传统中医的应用、国外康复景观案例分析等议题。虽然理论基础较为薄弱，但目前对于康复景观的研究愈加重视，并且研究层次逐步加深。

国内的相关研究起始于 2000 年前后。李树华（2000）介绍了英、美两国的园艺疗法发展，系统地论述了园艺疗法的相关理论、功用、实施手法及步骤，呼吁在中国推进园艺疗法的重要性与迫切性。韩峭青等（2004）发现自然疗养因子及环境综合疗法可降低原发性高血压患者的血压。

刘志强（2005）从植物的芳香出发，丰富了康复景观的表现形式。杨欢、刘滨谊等（2009）以参与的康复花园实践为例，阐述了中医与康复花园理论之间的关系，并提出了基于中医理论的康复花园设计原则。张文英、巫盈盈、肖大威（2009）归纳总结了康复景观的理论和实践，从康复疗养医学的角度论证医疗花园和康复景观作为辅助人类康复的治疗因子的重要意义，提出"循证设计"的方法应该作为医疗花园和康复景观设计中一种重要的科学依据与方法论。

雷艳华、金荷仙等（2011）综合介绍了国内外康复花园的概念、类型、使用者及应用现状，提出康复花园在我国研究发展的建议及展望，并在 2012 国际风景园林师联合会（IFLA）所发表的文章中着重阐述了园艺疗法应用时的相关事项，包括场地设计、园艺治疗师的融入、设施及课程设置等，对未来园艺疗法的发展指明了方向。王江萍和周舟（2011）提出从环境心理学角度出发，探讨具有缓解压力和改善健康功能的校园景观设计的原则及方法，为当今校园景观设计在舒缓压力方面提供了新的思路与方法，也使得康复景观的拓展应用成为可能。

李琪和汤小敏（2012）在研究康复花园的基础上，运用层次分析法（AHP），选取相关因子构建质量评价体系，为理论与实践研究提供了一定的参考价值。薛滨夏、王月、戚凯伦等（2015）针对居住区绿地使用人群构成与分类特点，行为特征、活动区域以及对环境要素的要求，通过传统居住区绿地与康复花园规划设计理念的对比分析，提出基于康复花园理念、行为引导理论的居住区绿地规划设计策略，为居住区人居环境的改善提供新的视角。刘博新和李树华（2015）分析了亲生物设计对康复景观的启示，以具体案例分析亲生物设计在康复景观中的应用，可作为循证设计的必要补充，并将神经科学与建筑学相结合，使得人性化设计成为可能，为康复景观的循证设计和拓展应用开辟了新的途径。郭庭鸿、董靓、孙钦花（2015）对康复景观循证设计理论和方法支持其设计实践的问题进行理论研究，提出基于证据分级循证、用证、总结成果的康复景观设计重要流程。郭庭鸿、董靓（2015）重点研究了康复花园对于自闭症儿童的作用，基于儿童健康问卷——家长卷初步研究康复效果，表明康复花园对儿童自然缺失症的改善具有积极作用。

谭少华和彭慧蕴（2016）通过对重庆市 4 个袖珍公园样本的问卷调查，采用主成分分析法进行因子分析。冯宁宁和崔丽娟（2017）探究源自环境的恢复体验（如放松、平静等）对居住者地方依恋（包括地方依赖和地方认同两个维度）的预测作用，并分析其中的内在过程与情境条件。陈筝、翟雪倩、叶诗韵等（2018）根据相关关键词和两篇标志性论文引用筛选出 63 篇相关论文，在此基础上对其中描述统计数据汇报完整的 21 篇文献结论进行了量化荟萃分析。

李树华、刘畅、姚亚男等（2018）提出了"建立基于东方文化的康复景观理论与实践体系""立足于风景园林学的康复景观研究""建立具有优化实践意义的康复景观评价体系" 3 个康复景观研究与实践的未来发展方向，系统梳理了康复景观的恢复作用机制、客观健康数据测量、主观环境感受特征评价、康复景观设计以及康复景观实证研究中的常用方法和最新技术手段，对建立基于东方文化的康复景观理论与实践体系进行了展望。

薛滨夏、李同予、宋彦等（2019）在第十三届国际中国规划学会（IACP）年会上，基于欧美国家康复景观理论和实施效果分析，探讨在公共健康理念下我国城市居住区绿地系统疗愈空间体系建构及其规划设计方法，提出居住区公共绿地康养疗愈适应性规划设计策略。薛滨夏、李同予、丽芭·肖特里格等（2019）在美国园艺疗法协会（AHTA）2019 年年会上做了专题报告，结合其在美国针对大学生的园艺疗法实施项目，提出通过文化语义转化，提升园艺疗法治疗效果的理论模型。黄舒晴、徐磊青和陈筝（2019）借助虚拟现实技术，设计实验探索起居室的室内设计和室外窗景对人体健康的疗愈影响。

薛滨夏、李同予、唐皓明等（2020）从康复景观理论的起源与应用入手，对城市居住区绿地规划设计提出了新的指向和模式，通过提供多功能的绿地空间景观形式和功能性植物，促进居民感官体验和身心恢复。李同予、薛滨夏、杨秀贤等（2020）运用脑机接口设备、智能腕带传感器等无线生理指标检测技术，测试大学生被试人群在沉浸式虚拟现实（IVR）情境下，对4种复愈性环境及城市环境在注意力恢复和压力减轻方面的反应及其作用强度，获得被试者在不同环境中脑电、心率、肌电的客观生理数据，采用非参数统计方法R语言对数据进行分析，检验了卡普兰复愈性环境理论中不同特征环境具有差异性注意力恢复效果。谭少华、杨春、李立峰等（2020）从治理与康复功能、缓解精神压力与消除疲劳、增强身体健康、陶冶情操和增进社会交往5个层面论述了公园环境的健康恢复功效，以及公园环境的健康恢复影响机制。国内康复景观发展现状具体见表1.2。

表 1.2 国内康复景观发展现状

时间	学者	核心内容	意义
2004年	刘同想，田径，梁伟，等	对山体、水体、森林疗养因子的健康促进作用进行分析	疗养因子对人体具有康复作用
2005年	刘志强	探讨了芳香疗法在园林中的应用价值和实现路径	丰富了康复景观的表现形式
2006年	修美玲，李树华	以北京市海淀区四季青敬老院的40位老人为研究对象，通过测定实验前后老人的心情、脉搏和血压，衡量园艺操作活动对老人身心健康的影响程度	一定程度上解决老龄化社会所带来的社会问题，对我国健康老龄化的实现起到促进作用
2008年	康宁，李树华，李法红	以脑波变化作为心理影响的评价指标，客观量化地反映人体的情绪感受，尝试人与环境之间关系研究的新方法。本实验以园林绿地内最基本的铺装广场、水际、植物群落3种景观为评价对象，进行了主导脑波成分变化的差异性比较	加强场所与心境关系的研究，更好地发挥绿地的保健休养功能，有利于正确地把握人与生存环境之间的关系
2009年	张文英，巫盈盈，肖大威	提出"循证设计"的方法应该作为医疗花园和康复景观设计中一种重要的科学依据与方法论	为康复景观和园艺疗法本土化发展提供理论指导

续表 1.2

时间	学者	核心内容	意义
2009年	杨欢，刘滨谊，（美）帕特里克·A.米勒	提出基于中医理论的康复花园设计原则	为康复花园设计结合传统中医理论提供应用模型和实施方法
2011年	王江萍，周舟	从环境心理学角度探讨校园景观设计	通过解析环境促进心理健康的机制，康复景观的拓展应用成为可能
2011年	雷艳华，金荷仙，王剑艳	综合介绍了国内外康复花园的概念、类型、使用者及应用现状，提出康复花园在我国研究发展的建议及展望	对今后康复景观、园艺疗法的发展起到推动作用
2012年	李琪，汤小敏	运用层次分析法建立康复花园的质量评价指标体系	为康复花园的理论与实践的使用后评价提供一定的参考和借鉴
2015年	薛滨夏，王月，戚凯伦，等	提出基于康复花园理念、行为引导理论的居住区绿地规划设计策略	为我国居住区人居环境改善提供新的视角
2015年	李同予，薛滨夏	环境复愈性功能评测的城市居住区康复景观设计策略	为深化康复景观理论和应用提供实证研究
2015年	郭庭鸿，董靓，孙钦花	探究康复景观循证设计的方法与流程	康复景观的循证设计方法探析
2015年	郭庭鸿，董靓	康复花园对自闭症儿童的作用	重建儿童与自然的联系存在理论可行性
2015年	刘博新，李树华	介绍亲生物设计在康复景观中的应用	为康复景观的循证设计和拓展应用开辟了新的途径
2015年	刘博新，黄越，李树华	以杭州市4家养老院为实验场所，采用血压、心率和专注力测试的方法，对93名老人使用庭院前后的生理、心理指标进行测定，并且对庭院的使用情况和认知特征进行问卷调查	为养老机构庭院和老人康复景观设计提供了线索和实证依据
2016年	谭少华，彭慧蕴	通过对重庆市4个袖珍公园样本的问卷调查，采用主成分分析法进行因子分析	为今后规划设计出更符合人群精神需求的袖珍公园提供理论依据

续表 1.2

时间	学者	核心内容	意义
2017 年	冯宁宁，崔丽娟	探究源自环境的恢复体验（如放松、平静等）对居住者地方依恋（包括地方依赖和地方认同两个维度）的预测作用，并分析其中的内在过程与情境条件	有助于探寻环境心理学视角下的压力管理与城市管理协同路径
2018 年	陈筝，翟雪倩，叶诗韵，等	根据关键词和标志性论文引用筛选出国外相关论文，并在此基础上对其中描述统计数据汇报完整的文献结论进行了量化荟萃分析	有助于进一步扩展对自然恢复性体验以及健康影响的认知，实现基于实证的健康循证设计
2018 年	李树华，刘畅，姚亚男，等	提出了"建立基于东方文化的康复景观理论与实践体系""立足于风景园林学的康复景观研究""建立具有优化实践意义的康复景观评价体系" 3 个康复景观研究与实践的未来发展方向	通过对康复景观研究热点与方法的梳理，为更多相关研究提供参考，共同推进健康人居环境的构建
2018 年	陈筝，赵双睿	讨论了城市心理健康风险的神经认知学机制以及通过绿色自然环境降低其风险的原理，系统地梳理了城市环境暴露在情绪调节、压力诱发、注意力降低等方面引发的问题及严重程度，总结了城市环境心理健康风险的循证证据，并提出应对城市心理健康风险的主要规划设计建议	对促进城市居民的情绪健康、缓解高密度城市地区的精神疾病和心理障碍有重要意义
2019 年	何琪潇，谭少华	运用联合分析法的基本思路，选取社区公园内草地、灌木、乔木、花卉、水体、置石、山体坡地和动物 8 类自然环境要素，开展不同要素类型效用、同种要素规模效用和群体需求差异效用 3 个方面恢复性潜能的度量评价	恢复性潜能作为研究社区公园恢复性环境与人群精神健康的度量指标，能有效指导后续空间优化及实践工作

续表 1.2

时间	学者	核心内容	意义
2019 年	黄舒晴，徐磊青，陈筝	借助虚拟现实技术，设计实验探索起居室的室内设计和室外窗景对人体健康的疗愈影响	通过假设、实验与分析，为建筑师提供关于使用者需求、反应和选择方面的信息，让设计者了解决策对人群反应的潜在影响
2019 年	薛滨夏，李同予，宋彦，等	基于欧美国家康复景观理论和实施效果分析，探讨在公共健康理念下我国城市居住区绿地系统疗愈空间体系建构及其规划设计方法。通过跨学科理论转换和借鉴，从空间分类、景观规划和活动策划 3 个层面对疗愈活动空间的特征、作用和应用人群进行界定，并提出居住区公共绿地康养疗愈适应性规划设计策略	对于我国构建绿地空间资源共享的均好性社区公共健康服务体系具有探索意义
2019 年	薛滨夏，李同予，（美）丽芭·肖特里格，等	结合美国大学生的园艺疗法实施项目，提出通过文化语义转化，提升园艺疗法治疗效果的理论模型	针对园艺疗法治疗活动中的参与动力问题，提出有效解决方案，有助于加强园艺疗法项目的吸引力，提高治疗效果
2020 年	谭少华，杨春，李立峰，等	从治理与康复功能、缓解精神压力与消除疲劳、增强身体健康、陶冶情操和增进社会交往 5 个层面论述了公园环境的健康恢复功效，以及公园环境的健康恢复影响机制；同时对研究重心、评价方法与发展趋势进行了系统总结与评述	为推动公园环境健康恢复理论的完善提供参考
2020 年	薛滨夏，李同予，唐皓明，等	从康复景观理论的起源与应用入手，对城市居住区绿地规划设计提出了新的指向和模式，通过提供多功能的绿地空间景观形式和功能性植物，促进居民感官体验和身心恢复	为康复景观理念在城市居住区绿地规划设计中的应用提供理论指导

续表 1.2

时间	学者	核心内容	意义
2020年	徐磊青, 胡滢之	选取上海市 5 条不同类型的街道作为调研样本, 从人们对街道的疗愈感受出发, 采用现场勘测和问卷调研相结合的方式得到街道的疗愈感知数据和客观仪器测值, 完成对案例街道的疗愈性评价	提出城市中心居住环境健康改善的有效方法, 结合城市管理政策, 通过街道更新在有条件的项目中进行疗愈性空间的置入, 可作为推广疗愈性街道更新项目的先行尝试
2020年	李同予, 薛滨夏, 杨秀贤, 等	运用脑机接口设备、智能腕带传感器等无线生理指标检测技术, 测试大学生被试人群在沉浸式虚拟现实 (IVR) 情境下, 对 4 种复愈性环境及城市环境在注意力恢复和压力减轻方面的反应及其作用强度	通过主客观联合评价、评测实验, 检验了卡普兰复愈性环境理论中不同特征环境在提高定向注意力方面的差异性作用, 对未来康养旅游项目的选址、路线选择以及康复景观设计特征塑造、场景组织等实践探索起到一定借鉴意义

人们对于自身健康关注度的提高和新标准的提出, 使得康复景观的研究和应用不断深化, 从基础的理论、特点、设计原则等逐步向更深层次发展。应用领域的外延突破了传统的医疗环境, 使得康复景观更加接近人们的日常, 更深刻地体会到自然对于人类的康复作用。使用后评估、使用者行为模式的研究等丰富了康复景观前期准备的深度和广度, 为后期的规划设计奠定了坚实的基础。

1.3.3 国外与国内研究的比较与启示

康复景观是自然与健康的连接纽带。西方国家康复景观的历史悠久, 已经形成了成熟的理论系统, 并附有大量具体的实践以及使用后评估等研究与实证, 在我国康复景观的起步阶段具有重要的示范作用。传统的研究集中于特定的医疗场所, 但目前研究指出了日常活动地点作为康复场所的重要性。传统的康复景观虽然很重要, 但是受所处地点的局限性, 人们仅能短时间享受高质量的生活, 难以维持长时间的健康和康复之间的联系。然而如果与日常场所相结合, 可能会产生不一样的效果。目前康复景观不仅实现了研究领域的拓展, 并且研究地理区域从欧美等国家逐渐拓展到亚洲, 如泰国等, 且研究对象更加细化, 如妇女、儿童等。整体呈现出合作高于专业和研究的界限, 尤其是跨学科的交叉特点突出。

随着我国对健康议题的关注, 康复景观的关注度也日益提升, 各类关于康复景观议题的大会、研讨会的举办，各领域的专家、学者都积极推动康复景观在我国的应用和发展。2014年园艺治疗学部在沈阳正式成立，中国社会工作协会心理健康工作委员会园艺治疗学部成立大会在沈阳召开。至今已召开数十次学术会议，主题涉及了园艺疗法的各个方面，极大地推动了康复景观在我国的发展。同时，自媒体的发展也使得园艺疗法普及化、大众化、接地化，如公众号的使用、园艺养心等。

目前，国内各大高校、机构与国外大学密切合作，加强了跨学科的交流研究。研究学者更注重加强康复景观的体系建设，如园艺疗法培训，从根本上实现国内外康复景观思想的对接，一些高校教师取得了英美园艺疗法师资格认证。越来越多的康复景观方向的科研项目获得国家级、省部级科研基金资助，如"基于环境复愈性功能评测的城市住区康复景观设计策略研究""基于身心健康效益的智能化养老设施植物空间设计基础性研究"等，都体现了康复景观在国内的积极发展态势。

具体学术研究层面正在实现超越传统概念、理论分析的基础研究，如植物的药用功能、芳香疗法、疗养因子的研究等，开始更多地借鉴国外研究热点，总结归纳，并依据国内的现状将康复景观应用到特定的研究层面，如不同的研究对象、不同的地域环境，将物质空间的规划设计与使用人群的某一层面或多种需求相衔接，且在康复效果的评价上也有所尝试，逐渐完善了国内康复景观研究的链条。目前，我国关于健康的相关政策文件的发布实施也促进了康复景观在国内的发展，如"健康中国""森林康养"等，印证了康复景观在我国发展的正确性。

综上所述，国内外康复景观的研究使得人们对于健康和场所的理解进一步加深，尤其是康复景观的理论承认了特定场所不仅具备改善健康的潜能，更有助于人们的治愈，无论是心理、生理还是认知层面。目前，许多健康地理学家同社会学家一起将康复景观的概念应用于探究三类主要领域：

（1）与健康相关的实体场地。

（2）卫生保健场地的应用。

（3）特殊人群使用的重要空间。

康复景观理念已经成为地理健康研究领域的一个重要框架，尤其在解决当代健康相关环境的工作领域，意义更为重大。

1.4　本章小结

康复景观理论研究与实践应用起始于人类社会发展过程中，是为应对来自环境污染、城市扩张和社会变迁各方面因素对公共健康的不利影响，而创造出的一种操作便利、成本较小的治疗手段，自产生之初就有着非常明确的针对目标，并逐渐形成严密的实施体系，与各类医学、心理学流派和风景园林、城市规划学科下聚焦自然与建成环境的领域密切相关。

在历史传统上，欧洲国家更早形成了以早期康复花园为代表的自然干预治疗手段，并在17—19世纪近现代医院由雏形向体制化发展，20世纪中叶后，医学核心从疾病到健康的转型带动了医学模式转变和康复景观的兴起。

康复景观包括被动体验和主动操作的内涵，既指有益于人们身心健康的自然环境，也涵盖了借助这种治疗性环境所实施的身心改善的疗愈活动，如园艺疗法。在全球城市化进程不断加快、老龄化问题日益严重、亚健康状态愈发普遍的形势下，康复景观以其特有的潜在的促健功能，逐渐由医疗环境的专属领域走向人们的日常生活。居住区的外部空间环境因其与居民生活联系的便捷性，将成为康复景观重要的、极具价值的实施与应用场所。

第 2 章　康复景观的理论体系

2.1.1　康复景观的概念界定

康复景观是近 30 年来兴起于欧美国家的一类与疗愈活动相联系的园林形式，通过促进使用者对自然环境的感知体验，来获得减压和注意力恢复等身心复愈效果。作为一类空间环境，康复景观承载了人们在其中的各类特定的或无意的治疗性活动，与园艺疗法既有区别又相互联系，二者均强调从生理、心理和精神三方面重塑人的整体健康。康复景观包含了人文景观和自然景观范畴，表达了人与环境的相互作用与依赖关系。

康复花园是康复景观的一种类型，最早可追溯到公元前 4 世纪的神庙，并在之后进入繁盛时期，在中世纪医院回廊式庭院广为应用，将药用植物、水体、树木等作为治疗要素帮助人们进行身心康复。第二次世界大战后，军人疗养院采用康复花园治疗患有创伤后应激障碍的士兵，自然景观的康复效果进一步得到重视和验证。20 世纪 70 年代，康复景观在西方国家正式拉开序幕，相关网站、书籍、研究成果等日渐丰富。近年来，康复景观的应用载体不断多样化，并在亚洲国家迅速发展。

康复花园源自英文"Healing Garden"，不同学者对此译法有所差别，如医疗花园、康健花园、复健花园、康复花园等。我们认为"healing"一词表面是医疗、治愈之意，并且根据网络词典英-英的解释可得知，单词"healing"倾向于表明人或事物从一个消极的健康或经历状态转向常态或是更优状态的一个过程。因此，本书舍弃了医疗花园等翻译，而选择了康复花园，更能凸显花园自身的动态过程性。康复花园概念界定见表 2.1。

美国园艺疗法协会认为，康复花园的受益人群广泛，以植物为主体，包括绿色植物、花、水体以及其他自然要素，为使用者提供静思和缓解的功效。美国园艺疗法协会统计了康复花园的益处主要包括认知、心理、社会和生理 4 个层面。斯普劳特工作室（Sprout Studio）

认为康复花园是一种能够缓解压力，通过与自然重新接触而达到机体自愈的媒介，并通过人体五感的刺激，提供容纳人类情感的多样空间，最终达到减压的目的。根据杨欢、刘滨谊的观点，康复花园的载体为自然景观和人文景观两类，目的是恢复健康、减压，改善生理和心理状况，满足治疗需求。马库斯和巴恩斯在卡普兰夫妇和乌尔里希的研究基础上，提出任何花园都可以成为康复花园，康复花园应该包括真实的自然要素，如植物或者水体，无论在室内还是室外，都能使病人、采访者、员工或照料者从压力中解脱，最终产生深层次的积极影响。马库斯和巴恩斯在《康复花园》（1999）一书中还指出，康复花园侧重于为病人和卫生健康机构的职员提供解压、生理综合征调节，从而达到全身心的改善。密歇根州立大学的韦斯特菲尔教授等认为，病人如果使用康复花园，能够积极恢复身体功能，从生理、心理或精神某一层面获取身体健康。

表 2.1　康复花园概念界定

人物/机构	理论要点	内涵提取
美国园艺疗法协会	植物为主体；静思和缓解功效；认知、心理、社会和生理 4 个受益层面	植物主导；多维康复
斯普劳特工作室	五感刺激；自然接触；缓解压力；情感容纳；机体自愈	互动环境；多维康复
杨欢，刘滨谊	自然景观和人文景观为载体；减压，改善生理和心理状况	借助实体和无形要素
马库斯，巴恩斯	康复花园的普适性，自然要素；解压	心理康复
韦斯特菲尔，哈蒂格和斯塔茨	消极或积极的机能恢复；生理、心理和精神层面的受益	恢复性环境打造
梅特恩	康复花园可应用于公园设计；疾病恢复	普适性
塞缪利研究院	自然、光线、空气等；隐私保护；积极引导；减压；芳香、音乐、色彩、艺术品等	多重要素调动

从更广泛的应用意义及公共卫生角度，梅特恩在期刊《启示》上发表的文章认为康复景观通常应用于公园设计，目的是推动人们从疾病中恢复。康复是一个含义较广的词语，不仅是指在卫生健康背景下，从某一指定的疾病中恢复，更是指健康的全面改善，其中包括生理和精神两方面的恢复。盖斯勒认为康复景观的场所或者地点需涵盖生理、心理和社会治愈环境，这一理论提供和延伸了康复花园的释义和引用广度。美国塞缪利研究院

（Samueli Institute）认为优质康复空间的组成不仅包括传统的自然、光线、优质空气，保护隐私、愉悦、正向引导，以及环境压力源的减少，如噪声、有毒或有害物质，也涵盖芳香、音乐、色彩及艺术品等。哈蒂格和斯塔茨认为康复景观具有恢复效力，是重拾生理、心理和社会能力以达到适应性需求，即使这些能力在不断努力中是逐渐降低的。

对于其他类型的花园，复愈性花园在欧洲国家较常见，如英国，一般见于城市公共空间，如街头绿地，为奔波于城市中的人们提供一个绿意葱葱、静思宁神的喘息之地。使能花园和治疗性花园在美国更为普遍，多针对具体的身心健康的症候和需求，为特殊人群提供治疗康复和身体恢复的训练。

基于上述专家、学者及相关机构的研究，康复景观可以看作一种双向互动的动态性外部环境，摆脱了具体特定类别的限制，其具有针对性的规划设计实现了传统景观从形式到功能的转变，强调对人体感官的微刺激和积极性态度的唤起，通过借助实体要素和无形要素，实现生理、心理、认知和社会层面等多维功效的最优化。

2.1.2 康复景观的内涵剖析

如果仅以字面的医疗和治愈相叠加理解康复景观及各类复愈性空间是极其错误的。康复景观是反映特定需求的人地关系的一种表现，是地点和行为过程的融合，其场地特点因使用者对于重要性的认知，在寻求康复的过程中，发生了巨大的转变。而康复景观的特点和各种要素的配置就来自这种特殊的要求和驱使，并在这种转变中占据了至关重要的地位，人们在这种活动的过程中伴随着生理、心理及社会融合的同步变化。康复景观的研究极大地加强了人们对于健康和场所的理解，尤其承认了特定场所不仅具备改善健康的潜能，并且有助于治愈。

人既是健康的受益者，也是健康的承载者，而有助于促进健康的场所，本质上依附于自然的灵性和精神的魅力。与植物相比，康复花园的核心是尊崇和颂扬人与自然、人与精神之间的广泛联系。从这个层面来看，康复景观的深层次内涵体现了人与环境密不可分、呼吸与共的整体联系。所以，我们通常所说的康复景观，不仅是一种外在的表征和空间形式，也涵盖了它所承载的人类追求健康的各种复愈性活动。在此，景观环境与人在环境中的行为获得了统一。

2.1.3　康复景观的空间格局

康复景观的设计与营造带有很强的环境特征，无论是地貌特征还是空间尺度，抑或是植被形态和分布、水体山石等其他自然要素，都会被用来强化康复景观的功能和复愈性效果。因此，在不同的环境中，基于服务对象的背景特征和健康需求，康复景观会形成不同的风格，并带上场所的烙印。

医疗环境中的康复景观带有明确的功能指向，无论是郊野空旷的绿地还是都市中幽隐的花园，都被用来制造一种令人心旷神怡的愉悦体验和缓解压力的轻松，让沉浸在疾患折磨中的患者及其家属以及治疗任务繁重的医护人员有一个宁神和喘息的空间。不同的是，在城市大型绿色空间，如植物园、城市公园以及风景区中的疗养机构，为公众服务的康复景观往往形成震撼人心的视觉效果，带有强烈的特征，并利用空间资源和植物种类的丰富性，制造了引人入胜的意境。相反，教育设施和治疗设施的康复景观空间规模有限，更注重实操设施规划的合理性以及复愈空间设计的精致性，功能分区井然有序、设施分布健全是其关注的核心内容，体现了服务目标的包容性和空间体系的完整性。

一般来说，康复景观环境更注重对疗愈活动的考虑，人在其中的活动路径以及园艺种植区的划分是重点设计内容。整体空间环境按植物的生长习性规划不同的种植区域，每个场地也进行混合种植，以保证景观效果和植物的收获过程在四季中都有良好的表现。康复景观就其形式来说，起到一种大的背景氛围塑造的作用，而实现复愈功能的主体部分是在其中组织的各类疗愈活动。因此，康复景观的场地规划与设计首先要考虑功能分区的合理性，各类设施的设置要符合园艺操作的流线和程序。

在传统居住区中，景观的空间布局往往是建成环境的"附属产物"，而这种拆解式的规划设计多倾向于片面强调景观与建筑的协调性和景观风貌本身，容易忽略对使用者的多方面需求的考虑，导致后期景观功能单一，与居民的行为需求脱节，服务目标的实效性降低。所以，具有健康指向的康复景观必须在美学考虑中切实结合场地中人的行为轨迹和活动内容，进行针对性设计，提高实际应用效果，否则将流于其表，为形式所困。

综上所述，康复景观因其使用对象的特殊性，不仅将传统的观赏功能作为目标，更致力于通过景观要素，帮助使用者恢复身体健康和良好的情绪，因此在着重考虑使用者的综合需求的前提下，综合环境条件对空间进行合理划分及功能布局等。各功能分区针对的对象较为明确，要结合使用者的身体条件、健康需求和审美偏好进行规划设计，同时要考虑不同分区之间具有一定的隔离和联系，以体现社区环境的整体性、便捷性和公平性。环境塑造力求尺度适宜而形态各异，做到设施布局的合理和自然要素的综合运用，以满足人们对于环境复愈性、空间融合性和空间私密性的多样要求。各功能分区的景观要素针对不同使用人群时，亦应具有不同的规划设计特点，如植物的形态、色彩、搭配，水体的流动形式、呈现方式，景观小品的主题等均因不同人群的需求而有所差别。在空间整体塑造方面，提高场地的识别性、可达性、情感性、舒适性等。康复景观规划设计流程如图 2.1 所示。

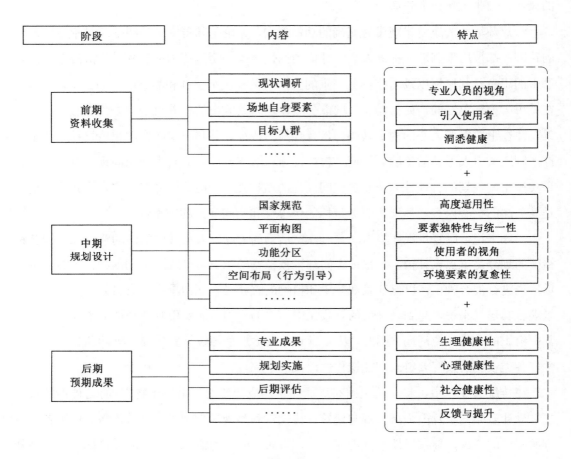

图 2.1　康复景观规划设计流程

2.2　康复景观的主要流派

关于康复景观的理论研究，基于对被动体验和主动参与等不同的关注点与取向，可分为不同的主张和流派，包括植物导向论、五感专注论、园艺疗法论、行为驱动论、精神引导论等。康复景观主要流派的理论总结见表 2.2。

表 2.2　康复景观主要流派的理论总结

理论	主张	代表人物
植物导向论	植物主体；视觉；色彩的特殊能量；植物形态给人以柔和、平静和舒适之感；遮阴防晒；芳香调节人体机能，杀菌负氧离子，水体净化	乌尔里希，郭要富，金荷仙，赵瑞祥
五感专注论	多重要素的视觉、听觉、嗅觉、味觉、触觉统筹考虑；水声方向感；水流活力感；自然之音使人愉悦、消除焦虑等；小品设施的触觉	徐磊青，卡普兰夫妇
园艺疗法论	调动人的积极性；静态到动态；加强人与自然的联系；园艺操作；社会、教育、心理及生理调节；本能激发	松尾英辅，Söderback，德特韦勒
行为驱动论	借助构筑物、小品设施；鼓励动态行为和活动；冥想步道	薛滨夏，李同予，王月
精神引导论	借助景观要素；文化象征、文化符号运用；精神层面康复；日本枯山水景观	薛滨夏，李同予

2.2.1　植物导向论

植物导向论主要强调以植物为主体，通过植物的生理生态作用，实现植物对人体的生理、心理、认知和社会等多层面的康复功效（图 2.2）。植物作为景观设计中占支配地位的主导要素，除了传统的美学功能、欣赏、装饰作用外，其对人体直接或间接的影响，尤其是康复层面的功效，远远超出了人们日常所知。因此，众多国外学者在康复景观的研究中，从不同层面和切入点出发，深入分析了植物对于人体的康复功效。

1. 植物视觉

植物与人最直接的联系是视觉，当人们观看植物时，心理与生理均会发生一些难以觉察的变化。国内外学者在植物对于健康影响领域的研究多集中在视觉方面，并包含与其他类型景观体验的对比，进而说明植物景观对于人体康复效益的优越性。视觉对于人体的作用点包括色彩、形态和群落构成等。

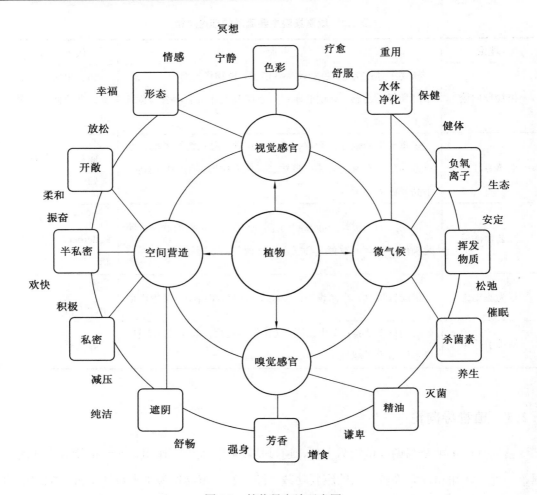

图 2.2　植物导向论示意图

（1）植物色彩。植物色彩是植物景观观赏的核心内容，易于感知，呈现出首要视觉特性。每一种色彩都有自己的特殊能量，能够通过皮肤和眼睛被人体细胞吸收，参与能量平衡，从而对人体的多个层面产生影响。植物的茎叶多为绿色，是情绪改善和调节的载体之一，尤其对视觉和知觉心理的价值巨大。绿色是最平静的颜色，代表着文明、和平、财富和健康，能使精疲力竭的人感到宁静。人们仅仅通过眼前的一瞥，往往就可以在不经意间得到精神上的短暂放松或是正向引导。此外，植物的花的颜色较为丰富，红色、橙色、黄色、蓝色、粉色、紫色、白色等。然而，心理暗示和情感引导各有差异。红色代表热情、喜庆，白色代表纯洁、宁静和谦卑。不同的颜色会对观赏者的生理、心理层面产生一定的情感共鸣和康复效应。

（2）植物形态和群落构成。类似于建筑，不同植物类型也可以打造出不同的群落形态。研究表明，伞形的植物形态让人感觉最舒服。乔、灌、草的合理搭配能够对人的视觉产生不同的冲击感。不同的景观组合会形成不同的空间表情和视觉效果。例如，针叶树种种植过密会影响景观的层次性和结构的清晰性，混交种植常绿与落叶树种更能体现柔和、平静和舒适的氛围。

2. 植物芳香

芳香疗法中，复愈性媒介是精油或植物的香气，作用手段是刺激与调节，最终的目的是康体益健。目前，植物香气的研究仍处于初级阶段，虽有成果能够证明某种香气对于人体的作用，但仍需深化研究。植物释放的芳香物质不仅具有生态的杀菌作用，对人的生理和心理健康也起到积极的功效。例如，薰衣草的香气可缓解抑郁感；梅花的香气可降低人体的肌电值；桂花的香气可降体温，从而给人以轻松感。通过脑电波测试发现，活体珍珠梅的释放物可抑制紧张、压抑的情绪。此外，植物果实的芳香也会对人产生积极的作用。

3. 植物空间营造

乔、灌木搭配比例的不同，可获取不同的植物形态，进而营造出或开阔或幽闭的不同氛围的空间。道路两旁的轮廓会形成框景功能，加强空间深远的透视感。茂密的树丛会围合出庇护场所，提供私密的空间。植物透过摆动叶片映射下的阴影，时大时小，时明时暗；大片的草坪给人以开阔之感，使人身心愉悦。植物所围合的空间可分为私密、半私密和开敞三大层级。在康复性园林中，高大、纤细的乔木可以向心的形态，形成直射天空的开敞空间，人在此私密的空间中，可感受一种幽静。可以说，不同种类的植物元素的搭配以及不同密度的设计，会形成形态迥异的体验，决定着人对于自然空间的体验和疗效。

4. 微气候环境打造

植物通常以多种功效作用于所处的环境，是天然的"气候调节师"，能够整体提高所处环境的质量，形成更有益于人体健康的小环境。遮阴、防辐射是植物在人们进行户外活动时的主要贡献。在夏季，树冠遮挡太阳辐射比可达到 95%，使肌肤免于紫外线的辐射。植物所产生的负氧离子，医学界学者称之为"空气维生素"，有益健康，能够降压、促进进食、增加血钙含量等。植物各个部位所分泌的挥发性物质能杀死致病微生物。每 1 万平方米的松树等日均产杀菌素 30～60 千克，辐射半径达 2 千米。水生植物可防止硝酸盐对地下水造成污染，从而净化和改善水质，实现间接性保健作用。

2.2.2 五感专注论

环境感知是多途径的，五感专注论重点从人体的五感，包括视觉、听觉、触觉、嗅觉及味觉，分析各种环境要素对于人体的康复作用（图 2.3）。

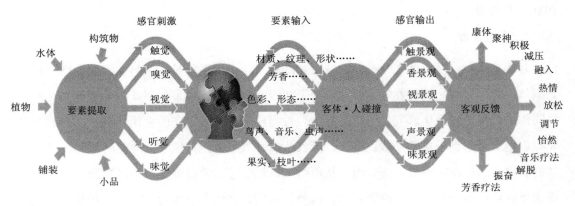

图 2.3　五感专注论示意图

1. 视觉

环境感知的途径具有多样性，但视觉是迄今为止获得室外环境信息最重要的感官。有87% 以上的外界信息是人们通过视觉获取的，并且 75%～90% 的人体活动是由视觉引起的。从自然中获取的满足感不仅蕴含在自然环境中，更应该被看见。研究表明，与体验自然相关的健康益处都是基于关注和观察自然，而非在自然中活动。景观的视觉感受是自然所能展现的形态表现，具有可变性及不可预见性。人们在观看景观时，无论是静止还是移动，都会发生主动认知和情感参与，而后者正是奠定了康复体验的基础，更进一步说是促成了健康意义上的体验。

（1）植物。人们通过视觉所感知的自然景观，第一核心要素是植物，植物系统构成了自然环境复愈性体验的主体。植物的郁郁葱葱，或是花朵的斑斓色彩，是人们观赏自然之美的焦点，而植物的勃勃生机又带给人许多联想和启迪，正向影响人们的认知观念。植物无论从表象还是深层的意象，都对人们的身心健康起着积极的促进作用。

（2）水体。水体是仅次于植物要素的第二核心景观要素，以其独特的存在形式作用于人体的健康。水的存在形式可动可静，可将有形和无形融于一体。水体的动态流动同时刺激视觉和听觉，引导人们进入欢快的氛围。无论人工还是自然，人们都能在形态和声音上给予关注。水的形态清澈透明，使人联想到纯净、去除污浊。水的流淌或奔腾的特性，使人的视觉感受到活跃的天性，令人心情愉快。水的存在促进了人的认知行为的发展，使人体应激性相对增强。静态之水可以让人放缓生活的脚步，从现实转换到意念世界，人的思绪也会随着缓缓的水纹飘向远方，回忆起曾经美好的场景，让人们从匆忙的生活节奏中解脱，缓解压力，放松自我。此外，水声还可作为方向感的载体，动感和舒缓的水声为人们提供了方向感，对于阿尔茨海默病人群尤为重要。

（3）色彩。根据研究，绿色是视觉神经排斥最小的、让人最为舒适的颜色。置于绿荫下，无风也感觉到凉意丝丝。相关实验证明，置于绿荫或人工绿色之中，身体体温最高可下降 2.2 ℃，脉搏更为平缓，血液流速更为顺畅。其他颜色与之搭配将会对人体产生更强的功效。相关研究表明，从视觉角度接触自然对于健康的益处包括提高注意力容量、加速从疾病中恢复、改善老年人身体健康、改善情绪和整体健康的行为方式等。

2. 听觉

舒适的听觉环境能够使人更专注于眼前的事情，配合其他促进人体健康作用的功效。水体的流动类似"自然交响曲"，赋予人遐想。烦躁归于平静，苦闷释放于自然。植物枝叶间的摩擦碰撞，因植物类型，叶片的形态、大小、质地等的不同而各有特色，或萧瑟凄美，或汹涌澎湃，对听觉也有相应的刺激，起到潜移默化的保健作用。风声的来源亦可是景观小品，通过人为的设计，将风实体化，有助于提升吸引力，丰富人们的听觉体验。

3. 嗅觉

研究发现，嗅觉能够改善人的生理和心理反应，主要作用途径为芳香疗法和负氧离子。例如，通过人为设计，以及不同植物的比例搭配，构建生态结构，形成保健型植物群落，并通过分泌物和挥发物对人体进行作用，从而达到强身健体、去病的功效。尤其对于儿童，能起到预防疾病的作用等。例如，枇杷可安神醒脑，丁香具有止咳化痰的功效，广玉兰可缓解风寒。此外，多种花树都能分泌出芳香类物质，具有保健和净化空气的作用。

4. 触觉

触觉作为最基本的体验，是对视觉感知的进一步补充和验证，更能直接地感受到外界对于人体的作用，使人与物体之间建立一体的联系。在康复花园中，通常以细节的形式为使用者提供触觉感受，实现康复功效。材质的触摸可感知温暖、柔软、粗糙、细腻等，更加了解材料的内涵。例如，芝加哥皇冠空中花园是一个针对儿童的花园，可再生材料通过回收进行再利用，内置感应器，规划出形态各异、五彩缤纷的墙壁、玩具和座椅。当使用者与其接触时，灯光、声响和色彩都会发生变化，触感成为患病儿童与自然接触的一个工具。位于美国克利夫兰植物园内的伊丽莎白和诺那·埃文斯疗养花园，将盲文印刻在栏杆扶手上，利于盲人接触、感知、理解和阅读，体现了人性化的设计和关怀。

5. 味觉

味觉相对载体较少，因其对安全性要求较高，但仍可作为康复功效的途径之一。例如，在康复花园中种植与消化系统、新陈代谢有关的植物可以唤醒人们的味蕾，增进食欲，改善当前儿童味觉感知能力普遍退化的现象。也可以种植可食用的水果、蔬菜以及迷迭香、薄荷、紫苏、桂花等香草、香花，不仅可以满足人们对于绿色环境的要求，也可以为人们的社交活动提供实际空间载体。例如，俄勒冈烧伤中心花园中设有多类主题花园：阳光花园、庭荫花园、多年生花园、高山植物花园、食用植物花园、色彩纹理花园和芳香园等，其中的食用植物花园可以让使用者亲身感受自然的治愈功效。又如，瑞典丹得瑞医疗花园，患者可以利用花园中的花卉进行装饰，采摘果实用于烹调，都是新颖别致的医疗活动。

2.2.3 园艺疗法论

园艺疗法论强调人的积极参与和自然疗愈活动，利用相关自然景观要素，提升人的主观意愿，从静态到动态，加强人与自然、人与人之间的联系（图 2.4）。美国园艺疗法协会认为，园艺疗法的对象通常具备身体及精神方面的需求，园艺疗法的途径是植物栽培与园艺活动，最终的目标致力于多方面的调整与更新。园艺疗法的核心是以自然景观为对象，使用者在园艺治疗师、康复师的指导下参加园艺劳动、植物栽培等技术要求较高的主动性活动，强调参与体验过程本身所带来的健康效益。

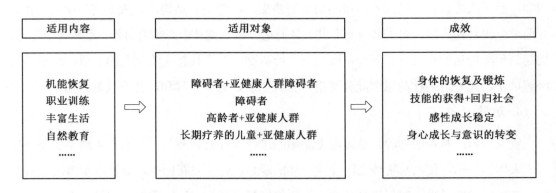

图 2.4 园艺疗法论的适用内容、适用对象和成效

1. 生理提升

机体运动是园艺疗法过程中的主要动作，可增强肌力，改善骨骼功能，增强心肺机能，提升免疫力，祛除疲劳，最终达到刺激人体在生物层面的恢复。运动方面的研究数据显示，打理草坪每小时一般割草所消耗的能量可高达 1 256 焦耳，相当于中速步行或骑行所消耗

的能量；而用手推式割草机打理草坪每小时可耗能 2 093 焦耳，等于相同时间打网球的耗能。

2. 本能激发

人类的社会属性决定了其非独立的特点。如果要维持生存，就必须彻底将人的本能激活、激发和挖掘。园艺活动的激发机制呈现出多样性的特点，在借助植物与人的成长发育关联时，本能行为包含两个层面：得到和培养，即园艺活动是一个不断完成阶段性任务，并学习技能，增强耐心的过程；社会性生存需求多体现为在园艺活动相关过程中，渴求与他人进行交流，建立伙伴关系。相关研究以老人和学龄前儿童为调查对象，通过科学的设计和实验，得出园艺活动可成为隔代之间的交流桥梁的结论。

3. 心理恢复

积极的感官刺激与心理恢复之间联系紧密，这在多项研究中得到印证。一项关于大脑和心理的研究认为，外界刺激作用于受体时，会留下某种痕迹，即印象，反映出直观的心理感受，即感性。在此过程中，五感成为接收外界刺激的感应器。相关医学实验证明，园艺疗法有利于慢性精神分裂症患者，具体包括精神、日常生活自理和社会融入等层面，呈现出一定的康复功效。曼斯菲尔德等人认为在康复花园中的步行训练有益于缓解报复性行为，能够降低行为紊乱，如激动、攻击性行为及精神恍惚，改善肠胃、睡眠质量及睡眠模式，并且能够提高整体身心健康和营养状态。这种自然干预的方法使人受到来自自然环境诸多有益要素的刺激，同时还能带来心理的正向影响，通过人与自然环境的交互作用，激发、调动人的神经系统、内分泌系统、运动系统等全方位的参与，从而能获得最大的健康效益。

2.2.4 其他理论

1. 行为驱动论

行为驱动论提倡通过合理的空间规划，借助构筑物、小品设施等人工景观要素以及自然景观，进行有针对性的场地设计，鼓励或吸引人们进行复愈性活动和艺术创作等行为，进而促进生理、心理等多层面的康复。这方面典型的例子是日本的冥想步道，精心设计的细节，包括材质、尺寸、比例等，不仅为人们创造了惬意的步行空间，还使人们在步行的同时，产生了精神上的思考。又如，结合儿童行为特点的设计，依赖地形、材质、小品造型等，打造适合儿童的活动设施，从而引导儿童多加锻炼，增强儿童生理健康，促进儿童生长发育。

2. 精神引导论

精神引导论是借助景观中的文化关联要素实现精神层面的康复。例如，日本的枯山水景观虽然组成形式简单，但其文化寓意对人们精神的震撼不容小觑。日本的枯山水庭院摒弃了开花植物，或通过苍松翠柏等常绿树木静态造型的精心修剪，与自我修行的目的相契合；或注重石头和水体的组合，形式简单，注重石材的体量、色彩、机理，色调与水面的纹理、走势、汇聚的变化，往往给人以不同的氛围。通常，雨后位于下游的石头表面肌理平滑，但上游的棱角分明，各有千秋。

综合来看，国外康复景观的实践主要强调在景观塑造中融入康复机制，来调动环境因素对人正向的心理刺激，以激发联动的身心健康促进作用。基于对国内外相关研究的梳理，康复景观的主张可分为 3 类：

（1）通过对景观总体形式构建自然与人工实体要素的组织、搭配，形成对人有益的生理和心理的刺激、暗示和作用，达到一定的治疗效果，这类景观可归为被动式体验康复景观。

（2）利用花园中的场地和空间组织、元素选取及设施配置，调动人们的活动意愿，促进由治疗师、康复师领导的各类有特定目标的复愈活动，从而达到康复的功效。此类康复景观多为主动式自然干预系统。

（3）融合文化元素，结合一定的文化背景和社会语境，通过人性化设计，让人感受到关怀，增加战胜疾病的信心，从而对人们的行为和身心健康产生积极的影响。此类景观可称为正念引导型康复景观。

2.3 康复景观案例解析

2.3.1 案例选取综述

从前述的概念梳理和理论分类可知，康复景观缘起于医疗机构附加的康复花园，经过长期而大量的临床应用和实证研究，以其显著的康复效果、较少的成本和副作用而受到人们的关注，逐渐被拓展应用于其他领域。下面介绍 4 个案例：第一个案例是位于法国南锡市专门针对阿尔茨海默病患者的艺术、回忆和生命花园，2010 年被授予法国 AG2R La Mondiale 奖。第二个案例是针对自闭症谱系障碍者的斯威特沃特普居住区设计，获得 ASLA 2015 专业奖项中居住区设计类荣誉奖。第三个案例来自美国旧金山中央高速公路旁的疗愈公寓，为社会上的流浪人群提供稳定、舒适的居住空间，该项目获得 ASLA 2012

专业奖项中居住区设计类荣誉奖。第四个案例是泰国的金福林康养社区——泰国首个面向高级综合用途的开发试点项目，通过提供静修、社会联结和创新等多样化的活动内容，来帮助老年人获得积极的生活方式，该项目获得了 2020 Landzine 国际景观大奖。

2.3.2　艺术、回忆和生命花园

1. 项目背景

法国约有 80 万人患有阿尔茨海默病（Alzheimer's Disease，AD）。法国"2008—2012 阿尔茨海默病及相关疾病计划"提出三大主题：研究、医疗护理和社会医学支持。该计划首次指出需要将康复花园作为医疗机构的一部分。在 AD 的特定领域，关于环境不适引起的弊端和环境调整后症候人群行为紊乱的改善已经得到有效的证明。事实上，已有研究表明，AD 和人们户外接触时间较短有一定的联系，相反，如果户外接触时间延长，AD 会得到缓解。大量研究表明，康复花园能够降低行为紊乱，如痴呆、攻击性行为，改善胃口、睡眠以及提高规律性睡眠和整体健康营养状况。虽然法国许多特殊照料机构都带有绿色空间和公园，但极少数考虑了 AD 患者的需求。2007 年，992 个单位的调查结果显示，这些机构均缺乏挖掘利用康复花园潜在功能的意识，虽然 82% 的机构配有可达的户外空间，但对患者开放的比例仅占 43%。

2. 项目概况

为满足 AD 人群对于康复花园的需求，法国南锡大学附属医院的艺术、回忆和生命花园应运而生。该花园的神经心理学的特定理念为满足 AD 人群对于康复花园的需求，在南锡大学附属医院指导下，基于文化常量，从艺术视角进行开发和创建。从前期筹建准备到最终投入使用历经 5 年，于 2010 年启用，总面积为 0.4 公顷（图 2.5）。南锡大学医院的艺术、回忆和生命花园在 2010 年获得法国 AG2R La Mondiale 奖。

3. 项目目标

（1）适应除认知外的最终损伤和残疾。关注的要素包括亮度和光照、步道及铺装，以适应轮椅和照料病床的需求。

（2）改善行为和心理紊乱。从神经心理学和社会行为学角度为 AD 患者提供帮助。考虑内容包括空间和时间性障碍，通过情景、语义和程序性记忆存储以及区域性社会文化记忆来区分记忆障碍、语言和沟通障碍、心理行为障碍紊乱等，如冷漠、攻击、激动、行走、散漫和异常性运动行为。

图 2.5 艺术、回忆和生命花园外景图

（3）高度可达性。晚间提供适宜的灯光照明，方便病患、亲属和医护人员的活动以及分享时间，避免间断。

（4）通过文化常量和相关元素，运用艺术方法，强调区域的集体性社会记忆，引导正向情绪和整合符号维度。

（5）促进分享性隔代间的冥想活动，维系 AD 患者忽视的家庭联系。此外，花园特定设计要素还可引起来访儿童的兴趣。

（6）对外界开放。可承办相关艺术文化活动，降低疾病相关禁忌。

4. 设计要点

花园能够为认知恢复、心理行为学治疗以及跨代/隔代讨论提供支持，改善病患、家庭和医护人员之间的关系。运用感官要素，如芳香、色彩、纹理和声音等抵御医院环境对感官体验的剥夺。小范围内引进异于区域传统物种的植物，增强人际交流和提供话题。花园被设想为能够全年为人们提供惊喜的地方。配套设施应可移动、稳固、持久。灯光设计无论尺寸、形状应咨询专业的理疗师。基于神经心理学的具体设计方法如下：

（1）提供时间标记。该设计方法包括报时的时钟和季节性的对比植物。

（2）空间塑造。参照美国城市规则理论家凯文·林奇的理念，提高场地识别性。例如，通过场地识别性，人们很容易辨别环境要素并将其连贯成方案。AD 患者能够熟练使用花园，摆脱组织环境认知地图，最终降低空间线索丢失引起的焦虑。一个环境如果具有较高的识别特征，个体在新环境中将能够快速适应。

（3）记忆征求。康复讨论能够提供线索；在语义学层面，自然、植物、动物和天气都是讨论的长期话题；实施步骤为积极寻求参与感觉运动组件和行为模式。

（4）提供区域社会文化记忆参考，促进回忆、交流和沟通。

（5）促进运动多样性以及日常活动，从简单散步到适应性园艺活动。

（6）感官刺激。设计还融入了艺术视角，设计要素包括现存建筑（已经存在的大小相同的 4 个小广场）和一系列雕塑。这些雕塑与各广场的主题相契合，反映了土、火、水和风的主题。每个广场颜色各异，如"火"广场的颜色是红色和橙色。除尊重上述的一般性设计原则，在人们触摸和探索雕塑的同时，这些雕塑也被认为是刺激源，可用作潜在的互动方式，促进积极情绪（图 2.6）。

图 2.6　引发触觉使用的"土"广场和"火"广场雕塑

（7）情感引导。此外，象征性或是抽象的发声雕塑，因滴水、彩色玻璃以及雕刻长椅而富有活力。文化艺术维度避免了可识别性的丧失。受文化常量理念启发的艺术小品能够勾起个人的情感，有助于记忆唤起和沟通。这些暗含了对病患的尊重，展示了花园设计对病患关系的维系。

5. 功能延展

艺术、回忆和生命花园并非针对病患或是一个雕塑花园，而是为所有人服务的。它对外界具有引力效应，虽然只是进入医院的媒介，但却极具功能性。

（1）承办多样活动。艺术、回忆和生命花园吸引了众多承办文化艺术活动的提议。在不到 3 年的时间内，它已经承办了超过 15 场大型活动，包括音乐会、合唱团、展览、诗会、文学讨论会、剧场、民间舞蹈以及由洛林芭蕾舞团特别创作的舞蹈。

（2）促进相关领域信息交流。订立开放日，作为世界阿尔茨海默病日以及欧洲遗产日的一部分，艺术、回忆和生命花园自从 2010 年投入使用，为大众提供了了解康复花园、AD 以及康复治疗的相关信息，还为各类专业人员提供一年两次的培训日，吸引了众多参与者。

6. 案例小结

艺术、回忆和生命花园从生态的角度为康复花园的研究应用于日常生活场景提供了机遇，为今后康复花园应用载体的外延提供了参考。它在医院的范围内提供了空间和时间标志，打破了医院固有的单调氛围，提供了丰富的刺激认知的感官体验，通过各类体验活动，包括日常的和有针对性的，以及异于普通花园的设计细节，促进认知恢复活动的社会关系和康复支持。其多样细节的设计将不同使用人群的需求考虑其中，但并非局限于此，而是尽可能扩大使用途径和功能，进一步深化了康复花园的传统内涵。

2.3.3 美国斯威特沃特普居住区

1. 项目背景

据城市发展中心统计，自闭症是美国发展最迅速的疾病，每 68 个儿童就有 1 个患有自闭症。自闭症目前暂无治愈方法，并且大多数公共服务期限截至 22 岁。未来 10 年内，将有 50 多万患有自闭症的美国儿童步入成年，然而带有治疗设施的居住选择少之又少。全美 8 万多成年自闭症患者正等待居住安置，等待时间长达 8～10 年。现有的计划能够创建安全的环境，但大多数方法都是隔离自闭症患者，并未考虑成年自闭症患者应该享有更多的选择：创造能力、独立生活的机遇以及社会交流的权利，将自我融入属于他们的社会。事实上，目前的居住选择条件难以彻底解决自闭症患者在行为、感官和交流方面所面临的挑战。

2. 项目概况

斯威特沃特普居住区在满足成年自闭症患者的特殊日常生活需求领域树立了创新开拓性典范。基于现有研究，景观设计师与美国索诺玛市非营利性董事会、建筑师以及其他咨询人士共同塑造了符合项目目标的环境氛围，为居民打造有目的的生活。项目基地位于索诺玛市，占地面积 2.8 英亩（1 英亩约等于 4 047 平方米），包括 4 个住宅，其他设施包括社区中心、工作室、图书馆、艺术音乐空间、理疗性游泳池和两个 SPA（水疗）馆、步道、小品雕塑、绿化草坪及温室等（图 2.7）。

图 2.7　斯威特沃特普居住区总平面图

3. 项目愿景和使命

为成年自闭症患者设计和创建异于目前可见的居住区，提供一个创新的支持性居住社区，挑战个人最高潜能。

4. 创建原则

（1）全力尊重和支持自闭症患者。

（2）鼓励主动性社区参与，无论是家庭、邻里还是周边社区。

（3）提供丰富的创造性选择和有目的的生活。

（4）提供终生居住的潜能。

（5）针对自闭症患者的特定设计，应对安全和感官问题。

5. 设计要点

自闭症人群对于来自环境的刺激极其敏感。部分人群无法接受肢体接触或是目光接触，多有语言沟通和社交能力的障碍，不能说话或是话语很少，或是患有技能问题和冲动控制障碍。他们有的从事普通工作，有的在社区学习或承担志愿者工作。因此，相应的康复景观需要有较强的针对性，具体设计要点如下：

（1）视觉刺激最小化，周遭声音、灯光和气味最小化。

（2）空间设计谨慎，居住者能够进退自如（图2.8）。这一设计要旨体现在单人间到共享房屋，乃至校园或索诺玛整个区域。

图2.8　斯威特沃特普居住区空间设计

（3）空间简单化和可预知性。从一个空间过渡到另一个空间时，使用者能够预览下一个空间。

（4）避免水景，遮阴结构可为固体或是简单设计，消除折射和遮阴/光照形状引起的分神；植物托盘大多是"安静的"，利用叶子颜色和形状微妙、舒缓的变化，避免大量颜色靓丽的植物开花。

（5）空间类型丰富（图2.9至图2.12）。游泳池和大广场的空间使得群体活动和社区交流成为可能；较小的空间可提供个人空间、面对面交流和平复情绪的场所。

图 2.9　温暖舒适的阳光阳台

图 2.10　内向围合的居住庭院

图 2.11　层级清晰的住宅外部公共空间

图 2.12　公共区域内可隔离或提供聚集的休息设施

（6）要素多功能化。植物材质和低墙能够在不妨碍工作人员观察的情况下隔离和界定空间。低墙对面或远处的长凳、边缘座位能够让使用者根据自我感觉选择观察或是参与。

（7）安全性。不可扩栅栏和监控门能够保证场地边缘的使用者隐私，提供安全性。

（8）可达性。核心层级是公共空间和个人空间的普遍可达性，包括游泳池、SPA 馆和温室。

（9）材料安全性。建筑材料和施工安全、无毒、环保，多使用当地材料。

（10）可持续性。本项目的场地四周居民区环绕，毗邻自行车道、公共交通，可步行到达商店、银行，方便就业选择。主路采用主体颜色的混凝土，碎石用于次级空间，提供软质对位。

6. 案例小结

斯威特沃特普居住区为康复景观向医疗环境之外的城市区域的拓展提供了有益的尝试。作为一个非营利性组织，它从使用者的各类具体需求出发，将空间打造、景观要素设计等与使用者相联系，而且将时间线索纳入整体规划设计中，如夜景照明等，调动使用者的感官要素，进而实现为各类患者提供平等的、高质量的住宿条件。

这一实践为我国居住区环境景观设计提供了一个典范，也提出了在针对不同人群多样需求的时候，通过综合考虑，寻找设计的平衡点，如感官体验、小品设计等的问题解决策略。

2.3.4　美国旧金山市疗愈公寓景观

1. 项目背景

项目在开发建设前，原基地为旧金山中央高速公路通过地，直到 1989 年的洛马·普雷塔大地震摧毁高速公路，基地荒废了数年。后经清理建设形成一处停车场，并在慈善福利机构的资助下被继续开发成公益小区，新建起一幢五层楼高的公益性住房建筑。此地毗邻公交及轨道交通站点，且周边设有各类服务设施，生活极为便利。

公寓以朱利安和雷伊·理查森命名，因为二人曾经在美国开发建成首个非裔美国人书店，上百名威望极高的黑人运动领袖曾到访过该书店。

2. 项目概况

朱利安及雷伊·理查森疗愈公寓占地 0.5 英亩，位于旧金山一处极具开发潜质的居住区内，为社会上的流浪人群提供稳定、舒适的居住空间。公寓建筑类型主要有居民楼、健身房、社区医院、培训中心以及面包房、咖啡馆等，配套设施齐全。公寓景观设计空间包括街道景观空间、庭院景观空间及屋顶露台空间，并配有齐全的景观设施。该项目获得了 ASLA 2012 年度居住设计类奖项。

3. 设计内容

按照康复景观所在位置划分，公寓的康复景观设计包含中央庭院景观、屋顶露台景观、街道景观 3 部分，并配备一系列定制式户外景观陈设。从视觉界线、景观设施的形式和材质、景观植物的组合搭配等细部景观设计要点出发，充分满足流浪群体的观景、冥想、社交、辅助康复的需要。

（1）中央庭院景观（图 2.13）。中央庭院是整个公寓景观区的核心，院中绿树成荫，成为许多街头流浪者的休憩之所。庭院面积较小，给人一种私密舒适的使用感受。庭院空间构成具有多样性，既能为大规模团体聚会提供理想空间，又能满足微型私密坐歇的需求，同时也营造出静谧的个人冥想空间，为需要的人群提供惬意的环境。这类空间多被常绿树种以及丰富的蕨类植物等景观元素装点环绕，利于营造出安静、庇护性的私密氛围，大面积的绿植也有益于观看者视觉和心理的舒缓与恢复。

图 2.13　中央庭院景观空间

（2）屋顶露台景观（图 2.14）。中央庭院的上方是五层楼高的公寓建筑，顶层的屋顶露台也设有相应的坐歇区、多汁植物园区、若干蔬菜园艺高位栽培床和景天属植栽区，为公寓住户们营造出又一处良好的心理疗愈空间，住户可通过园艺种植、交流沟通来获得疗愈的心理体验。

中央庭院和屋顶露台的所有户外桌具、休息长椅、烧烤台架及小型木凳均采用家庭庭院的设计风格，并遵循舒适、雅致、耐用的设计理念，让使用者倍感亲切和谐。此外，考虑到住户群体中有三成以上是行动不便的群体，公寓的所有户外公共活动密集空间、活动场所的入口处和休息空间均设计了轮椅通道及无障碍通道，景观设施则采用原木、回收木材等材质，在风格及材质观感上与周围绿地景观融合起来，对住户健康也起到积极作用。

图 2.14　屋顶露台景观空间

（3）街道景观。该区域位于公寓边缘区域，为条带状的公共活动空间、休息空间及交通引流空间，连接公寓大院入口与中央庭院空间。休息空间由块状小型绿地及休息长椅组成，景观绿地将交通引流空间与休息空间隔离开来，使运动人流不干扰休息人群。街道空间的视觉引导作用明显，活动人群的视线焦点能有效地落在屋顶露台及中央庭院入口处，让景观层次丰富起来。

4. 功能延展

除了基础性功能及疗愈功能外，该项目还在细微之处做出功能延展设计。

屋顶露台的边缘设计长条种植栽槽，材质为定制式耐腐钢材，与高耸的防护栏杆形成严密的隔离边界，防止在屋顶露台进行活动的人群发生危险（图 2.15）。

楼上四层的单元住房中均可清晰俯瞰庭院绿植。用于聚餐、聚会及开展相应就职培训课程的底层大型社区活动室也正对中央庭院，并设有两大扇滑行拉门，形成室内外空间的灵活互动，对室内的使用者也有复愈性增益。

整体地面铺装以砂石土壤材料为主，雨水可有效渗透，避免产生积水；此外，还设置了相应的合流污水道和雨水处理系统，透水性铺装和雨水花园等创新性街道景观雨水处理设施的合理应用，既提升了公共区域的整体美感，又有效减缓了雨水径流，也对地下水资源形成了有力的补给（图 2.16）。

图 2.15　裁槽代替防护栏　　　　　图 2.16　道路透水铺装

5. 案例小结

该项目根据使用群体的特点来完成康复景观的空间特征与细部设计，由于使用人群为流浪人群，心理普遍脆弱，因此营造了庇护性、私密性较强的空间环境。根据人群心理特征，公寓空间均以小尺度、多数量、半开放为原则，同时考虑安全性等因素，从视线界线、景观元素的质感及尺度、形式组成等细节方面完成设计。

由此可见，居住区康复景观的设计应通过景观空间氛围与功能这两个要素满足使用群体丰富的活动需求，使其产生被关怀、被呵护的心理感受，并最终达到疗愈的目的。

2.3.5　泰国金福林康养社区景观

1. 项目背景

目前，全球多个国家正在迈向老龄化社会。随着社会经济的发展，特别是出生率的下降和预期寿命的延长，泰国人口老龄化的问题逐渐显现。根据数据统计，1960—2015 年，泰国老年人口增长了 7 倍，从 120 万人增长至 860 万人，根据联合国的预测，2050 年泰国老年人口将会上升至总人口的 37.1%。为使每个公民在退休后都能过上有意义的生活，需要重新思考如何开展城市建设，寻求未来社区的新类型。

2. 项目概况

金福林康养社区是泰国首个面向高级综合用途的开发试点项目，包括住宅、商业单位和医院。通过打造"静修""联结""创造"等概念设计的多样化活动，来增强居民全方位的生活体验。结合景观设计表达健康的 7 个维度（即躯体维度、情绪维度、理智维度、社会维度、心灵维度、职业维度和环境维度），打造出峡谷森林中的社区，使老年人获得有益的生活方式（图 2.17）。该项目获得了 2020 Landzine 国际景观大奖。

目前项目已完成第一阶段 58 332 平方米的建设，包括金福林机构和通布里博拉纳医院以及一、二号低层住宅区。当前项目拥有 22 485 平方米景观绿地，包括地面和结构上的景观空间，占总面积的 40%，超过了标准要求的 30%，项目的景观设计由 Shma 公司负责。

图 2.17　金福林生活综合体外景

3. 创建原则

为了满足老年人的各项需求，该项目制定了 3 个重要设计原则——可持续自然、身体健康和社区意识。

（1）可持续自然原则。与自然和谐相处，必将增进人们的身心健康。可持续自然主要体现在植物种植、雨水管理和生物多样性方面。植物的选择要足够丰富多样，在高度、形态、花色、植物类别等多方面体现，同时可以选择混合种植，以更好地实现"生态演替"这一过程的模拟；对雨水进行收集、储蓄、净化等处理，用于旱季与灌溉的补充，并为自然生物提供食物与栖息地；创造优质环境条件以保护生物多样性，并逐渐发展形成生物廊道的贯通。

（2）身体健康原则。项目中另一个着重考虑的内容是"通用设计"，由于在此居住的人群年龄偏大，应遵循无障碍通行的要求开展设计，采用配备扶手、无多余过渡台阶的"全坡道通行"模式，以保证老年人和残障人士的安全通行，同时满足救护车的基本通行要求。除此之外，在照明、休憩座椅、地面铺装等方面做适用老年人的特殊类型设计，充分满足老年人身体健康与人性化安全的需求。

（3）社区意识原则。"多代人生活社区"是项目的另一个特色。社区为人们提供基础生活，而在此生活的群体较为特殊，故采用独立生活、家庭生活和辅助生活相结合的方式，以完成特色化的社区活动，彰显社区精神。空间规划结合现有自然景观与地形，以促进人群"联结"为理念，鼓励多活动种类的互动；设置私密且静谧，用于"静修""创造"的户外休闲空间，以适应更多元的生活方式；设置多种疗愈设施、小品，紧扣社区康养这一主题。

4. 设计内容

（1）植物选择。在高度、形态和花色上各不相同，包括多年生植物、海岸线树木、地被植物等。为模仿森林系统来种植，选择混合种植而不是有序地排列在整个景观区域。

（2）雨水管理。雨季储蓄洪水，旱季补足水源。可将"小溪"作为一个主要的排水和处理系统，与"生物墙"一起，从外部收集径流。绝大部分的纯水会流入"生物池"，用于保留和二次处理。

（3）生物多样性。通过适应性强的生态系统为鸟类、水生动物、昆虫和松鼠等城市野生动物提供食物来源和栖息地，保护生物多样性，联系附近生物斑块。

（4）通行模式。采用"全坡道通行"模式，配备扶手上下，无多余的过渡台阶，不仅保证老年人和残障人士的安全通行，还达到救护车的通行要求（图2.18）。

（5）通用设计。沿着小路每隔30～50米设置座位，老年人可随时驻足休息。地面使用粗糙材质，减少人们打滑的风险，并为夜间使用提供足够的照明空间。

（6）"联结""静修""创造"的落实。设计聚会的空间，鼓励多活动种类的互动，如沿着小溪的周围安排运动空间；设计私密且静谧的休闲户外空间，结合自然生境，给人一种"隐退"的感觉；花园中设计餐饮和作坊空间用以学习。

图 2.18　康养通行路径外景

5. 功能延展

疗愈花园位于金福林机构和通布里博拉纳医院附近，是整个健康概念设计中的一大亮点（图 2.19）。使用者的五感能在花园植物的芬芳疗愈中得到锻炼，最终达到整体健康。这里不仅有用各种粗石设计的足底按摩路径，还有 3 种特殊的物理治疗路径——平路、斜坡、台阶，均配备了扶手，看护人员可陪同复健。

图 2.19　疗愈花园外景

此外，在金福林机构前还有瀑布、森林、绿色草坪和供锻炼的游泳池，人们可以在这里享受放松时间，也可以沿着场地慢跑。同样，在二层，有小型泳池、水疗泳池、热浴盆和泳池甲板，适合不同人群的需求和生活方式。

6. 案例小结

金福林康养社区针对人口老龄化问题提出有益老年人健康生活的景观设计原则，并以"静修""联结""创造"概念指导多元化活动设计，利用垂直空间，设置瀑布、森林、草坪、泳池、水疗场所，满足人们的不同生活需求与方式，丰富居民的生活体验，构建生态自然、品质良好、静谧祥和的社区综合体，为老年人就地康养的发展提供更多可能性。

2.4　居住区康复景观设计取向

目前，我国的居住区景观设计取向正从单纯注重经济效益或生态功能等物质层面内容，向追求精神寄托与健康促进等精神层面效能发展，因此创造人与环境相协调的居住区景观，提供多样化、多功能、多维度的活动场所，与自然环境的修复和维护有着同等重要的价值。居住区作为人最基本的聚居活动场所，其康复景观设计的取向需要捕捉社会关注的焦点，反映一些基本的设计原则，与传统的景观设计维度进行协调，不仅关系到设计本身的品质和特征，也决定了人与自然环境之间、人与人之间的交流关系。现阶段居住区景观设计的方法和理论主要包括人性化设计取向、生态型设计取向、美学价值导向的设计方法和复合性设计论（表2.3）。

表2.3　居住区景观设计理论总结

理论	主张要点	内涵剖析
人性化设计取向	满足人的需求；和谐空间环境；无障碍设计	以人为本功能性转变
生态型设计取向	良性循环的有机整体；优良的物质和精神享受	可持续发展、和谐共处
美学价值导向的设计方法	审美论；空间美；形式美；色彩美；多重造景手法	视觉刺激
复合性设计论	多重理论整合；客观判断；综合效益；内部结构最优化	中正系统性考量

2.4.1　人性化设计取向

人性化设计取向将人视为主体，所有的行为和活动均是为人服务，目的是满足人所提出的各类物质、精神以及其他层面的需求。在具体规划设计中，人性化设计挑战着过往单纯的、机械的、呆板的、商业的设计，更多从人们的心理需求、生理需求等角度出发，力争使城市环境满足人们多方面的需求，打造一种和谐的公共空间环境。

人性化设计在居住区景观设计中的体现是多层面的，如自然要素的引入、交往空间的创造、环境设施配置、人文景观打造、无障碍设计考虑等，都是围绕该理论进行环境塑造的体现。例如，居住区景观设计中，水体景观的营造反映着人与水之间天然的密切联系，人与水体的尺度关系即人的亲水程度应恰到好处，水池池岸的高度、水的深浅和形式等均应从实际情况和安全角度予以考虑。又如，在植物配植方面，环境绿化不应是简单的种树栽草，而应从人的实际感受，尤其是视觉的感受、心理的体验等层面合理搭配乔木、灌木、草坪等，保持季相的连贯性，充分满足现代人对于自然崇尚的审美情趣。

作为现代高端的居住区景观设计，人是核心的出发点，人们对于城市生活的要求已经突破了传统的空间使用需求，倾向于向环境的多重功能转变。因此在实际的规划设计中，人与环境之间的关系应作为设计主线，致力于更适合现代人的需求，营造富有人性的景观环境。

2.4.2　生态型设计取向

生态型居住区景观设计强调居住区内各因素的和谐共处，包括人与自然、人与社会的协调与融合。这一类景观多关注人对环境的体验以及人对环境的影响，通过对居住区内植物、道路、水景、小品设施等自然或人工系统进行有机整合，沿着人性化、健康和节约的方向发展，形成良性循环的有机整体，实现人、建筑、自然环境的和谐共处。这种设计取向的目标是运用景观生态学和环境科学等原理，根据当地自然环境和人文环境特点，合理安排和协调居住区内人与自然等各要素之间的关系，减少人为活动对环境的污染和破坏，促进自然与社会、自然与经济的和谐可持续发展，同时提供居民优良的物质生活质量和精神上的享受。

生态型设计以生态效益的提高为宗旨，遵循以下几个原则：

（1）尊重场地原则。在保持原有土地完整性的基础上，由设计师进行规划设计。

（2）原地保护原则。原有的树木、湿地等的形成均需几十年甚至上百年，这对场地的调研、规划、设计等提出了较高的要求，应予以最大化保护。

（3）人工景观合理化原则。居住区内各类景观，包括自然要素和人工设施，均应本着适当利用的原则，因地制宜进行再创造，综合权衡地形、植物、水体、阳光、天空及建筑等各层级要素的协调与组织。

（4）低影响开发原则。场地的景观塑造过程要尽可能多地规划绿植覆盖的用地，如下凹式绿地和雨水花园，减少硬质铺地的面积，避免过度人工化的景观，使得建造后的环境有利于雨水回收利用，改善水质，减少雨水径流。

生态型设计尤其注重通过对植物、水体等自然要素的规划，来提高绿地环境的生态效益，对调节局部小气候、降尘减噪等起到积极作用。植物多样性又能带来生物多样性，从而有助于生态系统结构的改善。潺潺的流水、高大的树木、起伏的草地和自然生长的野花可以最大限度地满足人们接近自然的需求，使人们忘记城市的喧嚣，得到心灵的净化。

2.4.3　美学价值导向的设计方法

美学价值导向的设计方法主要是多种景观构成要素对人们视觉产生的冲击和作用，可以是要素自身，亦可以是要素间的组合。鉴于其主要对视觉的作用，也可称其为视觉审美论。通常来说，园林的视觉审美可分为形式美、空间美、色彩美及空间艺术。

1. 形式美

形式美是前提，要求居住区绿地景观各构成要素首先能够感染空间中的人，如居住区中的植物和硬质景观材料都是由不同的色彩、质地、线条、材料形成的。

2. 空间美

空间美强调方法的多样性。在充分思考使用者行为模式和观景的规律后，实现多视角、多角度的效果。例如，住宅楼的高视点与宅前组团绿地低视点之间的俯仰转化关系；植物栽植设计时的季相造景的重要性不亚于植物的选配。

3. 色彩美

色彩是物质的属性之一。居住区中绿地景观的色彩就是由各种景观构成要素的不同色彩所搭配表现出来的。它们通过色彩搭配的原理合理地组合在一起，构成了色彩丰富的景观，这种丰富多彩的绿地景观又营造了愉悦心灵的美好家园。

4. 空间艺术

空间艺术是指在居住区的绿地景观设计中，景观的空间整体布局不仅要讲究形式美与构图的精妙，同样也要考虑动静结合这一景观空间的艺术原理。

2.4.4　复合性设计论

复合性设计论将多种理论要点进行整合，强调各种要素间的融合性，不偏不倚。它并非设计者个人的主观臆断，而是考虑包括上述理论的多种要素，在多因子综合分析和系统研究的基础上，思考各子系统和要素在整体的环境架构和效益营造中的地位和作用，分析功能叠加的优点和表现，并考虑维系这种环境的成本和技术要求。常见的功能复合设计是将雨水花园的植物选型和康复景观的功能进行叠加，使其既具有生态净化功能，又可以用来实施园艺操作。喷泉、跌水和雨水利用技术与种植床的设置相结合，创造了更宜人的舒适度和可持续性，场地的利用价值也得到了最大的实现。

这种功能的叠加以居住区绿地的功能与结构优化为目标，在确保原真性和自然化景观设计的基础上，从生理、心理、社会等层面满足使用者的需求。

2.5　居住区景观设计其他考虑层面

2.5.1　微气候的影响

气候条件是居住区景观设计的重要影响因素之一。气候以冷、暖、干、湿这些特征来衡量。气候条件是环境景观规划时需要考虑的必不可少的要素之一，它既关系到生态景观的生长、维护情况，又影响居民对环境的使用。景观的配置方式对居住区的温度起到一定的调节作用，如北方冬季受气候条件制约，外部空间设计的出发点为保暖，所以居住区环境多偏于硬质景观设计；而南方夏季需要降温，因此重点是软质景观设计。

不同气候条件对居住区的景观设计侧重点有一定影响。无论是寒地城市还是温热地区的城市，使用者、微气候要素、植物要素以及其他要素共同构成了居住区景观设计系统，其目的是以微气候的优化手段提升舒适性，景观要素为设计媒介，多重要素的相互作用使得系统更加有机。此外在植物配植方面，需要考虑季相的连贯性，可以从树木的姿态、树干的纹理、质感和色彩、果实和叶子等层面进行考量，打造更适宜于不同地区季节变化的植物配植。

2.5.2　行为的引导

行为可解释成一种反应和变化，是人在外界环境的刺激下，顺势而产生的生理和心理的变化。环境提供了场所，而环境与人的相互作用表现为前者对后者产生影响的同时，后者也对前者进行了选择和改善。

居民在居住区景观环境中所进行的活动，可以是受自身心理驱使随意的行为，也可以是来自外部引导或组织的有明确目标的行为。行为与环境之间关系的研究可提升环境设计品质的内涵和实效，这一过程包含了多个学科，是现在研究领域的热门话题之一。当代景观设计通常会通过研究居住区人群的行为特点，提出居住区景观改善和设计的策略。

在居住区景观环境中，涉及使用人群行为的空间属性包括拥挤、私密性、领域性、个人空间等。例如，私密性能够保证居民之间的交流，使人们对所属的空间具有控制感，进而适应当前环境，也能对自己产生认同感。因此具体的居住区景观策略需考虑不同人群对空间的需求，是高度私密性的近乎封闭的空间，还是较弱私密性的开敞空间。阳光对于普通人是有益的、愉悦的和舒适的，但对于有特殊疾病的人群，如烧伤人群，过度的光照反而是一个负面的因素，适当的遮阴更为重要。社会交往是中国人历来重视人际关系的一项传统，因此在居住区景观构建时，应设计多层次的交往空间以满足人们社会联络的需求。

2.5.3 文化的积淀

文化可以使居住区景观设计打破类似条框原则与规则下的同质性，凸显独特的异质性，区分出彼此间的不同。居住区目前的模式化、雷同化、盲目的异域风格化等问题，使得本土文化的缺失逐渐凸显，无法形成富有特色的个性化设计风格。因此需要深层次地挖掘各自的地域特色，采用适当的景观构建策略，打造具有标志性的居住区景观环境。

居住区内在的文化考量层面包括居民归属感和社区归属感，可通过舒适感、识别感、安全感、交流感和成就感5个维度进行评估。在具体的景观设计层面，除考虑使用者自身的特征与需求外，还应考虑环境本身的文化精神特质，让使用者能够在心理上与设计者产生共鸣，接收到设计者所要表达的文化传递信息。例如，当前出现的新中式居住区就是以现代材料为基础，对古典元素进行体现并注入现代空间中，凝练成具有唯美中国情韵的景观，以现代人的审美观点打造富有传统韵味的居住区。这正体现了文化对于居住区景观设计的影响以及二者之间的联系。

不同地域的自然环境、社会环境和人文环境等存在较大差异，因而生活习俗和文化特色千姿百态。未来的居住区景观设计应统筹本土人文环境特征、民间习俗等，获取代表性设计要素，构建景观设计新模式。

2.6 本章小结

　　康复景观理论体系的形成既有历史积淀的必然性，也有科学研究的偶发性。作为涵盖环境与行为、健康与医学、社会与人等不同范畴、维度的跨学科研究领域，康复景观理论体系体现了很强的学科融合、跨界的特点，也为理论创新和设计创新提供了巨大的机遇。

　　本章通过对国内外文献的梳理，解读了不同机构、专家和学者对康复景观理论的概念诠释以及康复景观的主要流派，并对各个理论体系进行了要点分析和总结。在生理、心理和社会交往 3 个层面，强调了康复景观作为外部环境积极的刺激来源所引发的人的五感体验的意义，针对人的神经机能和身心作用机制的深入调节所引发的健康广泛促进效应，进一步理解康复花园理念的本质内涵，并对我国居住区景观设计现存理论和支撑要素进行了分类梳理，为后续的康复花园和居住区康复景观设计与应用奠定理论基础。

第 3 章　康复景观理念的应用与实现途径

3.1　康复景观理念在城市环境中的应用

　　康复景观理论体系融合了环境心理学、风景园林学、康复医学等多学科知识和理论，建立了以自然环境为核心、以人与环境互动为基础的自然干预复愈方法，在城市人居环境规划设计领域具有广阔的应用前景。随着健康城市运动和理论技术的成熟和完善，康复景观已从最初的医疗环境拓展应用到城市各个领域，如养老机构、植物园、社区以及各类开放空间。尤其是居住区，康复景观的营造为促进居民健康带来巨大的便利性和多重价值，相关理念与传统居住区景观设计既具有一定的共性背景，又表现出迥然不同的设计取向和要素组成，主要包括四个层面：目标功能、植物要素、目标人群和空间载体（图 3.1）。

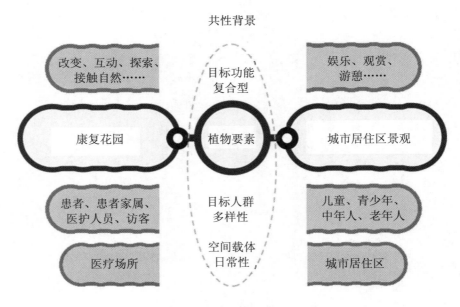

图 3.1　共性背景示意图

3.1.1　目标人群的划分

1. 医疗环境中康复景观的目标人群

（1）患者。患者是康复景观目标人群的核心群体，他们的情况及需求因康复花园的类别而各异。例如，针对阿尔茨海默病患者的花园，患者多为老年人，他们不仅身体的各项机能都在退化，而且记忆力差、方向感缺失、自我意识不强。又如，针对自闭症儿童的花园，其服务人群的症状包括社会交往障碍、语言发育障碍、兴趣范围狭窄和刻板、重复的行为方式等。而对于烧伤类别的康复花园，适用人群通常为身体虚弱、经常伴有特定部位的损伤、对光照十分敏感的患者。因此，康复景观设计是专业性很强的内容，需要针对不同患者的身体条件和身心恢复的需求，精心设计景观的形态和细部，并确定景观原色的选取。

各类疾病的患者既有不同的症候和因应的差异性需求，也有一些共性的问题，如较差的免疫力和身体耐力的问题，或是因疾病而产生的焦虑和抑郁的心理障碍。相应地，康复景观设计也就体现出一定的特点，如针对不同病症而进行的特殊的景观考虑和植物设计，或者利用同一场地的自然环境服务不同人群。而判断康复景观质量和适用性的标准，关键还在于所服务人群的康复效果。

（2）患者家属。这类人群作为一类特殊人群，虽然通常是健康的，但由于和患者的特殊关系，长期陪护患者，患者病况和情绪的起伏等使他们长期经受着巨大的精神压力，同时还承担着一定的经济压力，神经经常处于紧张状态。通常在照顾结束后，患者家属仍然很难从过去的精神状态解脱，一些人甚至出现间歇性头痛等后遗症。

（3）医护人员。医护人员也是康复景观的服务对象。尽管他们原本的健康状态较好，但长期面对来自患者的各方面需求，每天都承受着无形的压力：来自患者的强烈渴望治愈的需求、来自自身道德的约束、来自工作责任的强制性驱使、来自患者家属的频繁督促等。

（4）访客。访客作为这四类群体中与康复景观接触时间最短的一类人群，他们在访问前后的心理变化不容小觑。访客会因探视对象的病情，内心世界产生冲击，产生负面的联想，揣测自身日后是否会有同样的遭遇。即使是身体健康的人群，经常受到这种情绪波动、联想或暗示，也会在亲历医院环境后留下心理阴影。在这种情况下，积极的健康促进环境会使人留下良好的印象，抵消各种不利的影响。

2. 城市居住区康复景观的目标人群

城市居住区的目标人群主要为居住区内的居民，虽然居民的年龄和身体健康情况各异，但大致可分为病患人群、亚健康人群和健康人群。考虑到居住区人群的复杂性，以及居住区绿地设计的均好性要求，依其所处年龄阶段，将居住区康复景观使用人群分为儿童、青少年、中年人及老年人四类，其各自特点如下：

（1）儿童。此类群体处于生长发育初期，神经系统发育尚未成熟，除去先天的健康问题，多数儿童身体状况良好，活泼好动，精力旺盛，对于外界事物刺激敏感、好奇，乐于与外界交流，并逐渐显示出不同的性格特征。儿童群体的性格有内向和外向之分。此外，缺乏安全感、情绪波动较大等也是这类群体心理问题的普遍特点。由于先天遗传因素，以及后天的压力和刺激，一些儿童患有自闭症、多动症或行为障碍等心理问题。主要致病因素多来自各种课程学习的压力，以及和父母、同学、伙伴之间人际关系的压力。过多的课外作业、严厉苛刻的家庭氛围也是造成这类群体各种心理问题的外在来源。

（2）青少年。此类群体处于身体快速发育、身体与心智等面临着积极塑造的时期，他们求知欲望强烈，身体机能逐步走向顶峰，自我意识加强。这一时期出现的心理障碍主要来自升学压力和社会关系的矛盾带来的冲击和困惑，如情感、家庭问题和由此导致的焦虑症、抑郁症，以及对抗行为、暴食症等行为障碍。

（3）中年人。中年人各项生理机能达到顶峰后开始出现衰退，尤其是记忆力和反应速度开始下降，但综合智商较高，经验积累丰富，因此弥补了体能和认知能力的衰退带来的问题。但是，由于当今社会的快速发展和竞争的加剧，中年阶段正值而立之年，家庭负担、工作责任以及自我价值提升的意愿使得这一群体受到各种各样压力的折磨，产生了各类心理症状，如中年危机，或亚健康状态，易于罹患各种慢性病，以及抑郁、焦虑、失眠、注意力不集中、偏执等心理障碍。

（4）老年人。老年人是居住区最主要、使用频率最高的人群。他们生理机能退化，器官衰老，感知力退化，五感减弱，因而对外界刺激反应缓慢、迟钝。这些都导致老年人的社会交往能力降低，进而极易导致孤独感。生理机能的退化会影响到他们的心理方面，如心理失衡、易怒情绪、过于悲观等。

3. 居住区康复景观目标人群的特征梳理

基于上述分析，在城市居住区中，康复景观服务的人群具有多元化、复杂性和动态性特征，无论是年龄还是身体状况，以及复愈需求，均未限定在单一类别之内，而且会随着时间的变化而有所改变。这些特点都为后期规划设计提出了更泛化的要求。居住区公共绿地和场所规划设计的均好性要求，更增加了康复景观设计针对适用人群进行设计的难度。因此，通过深入揭示康复景观设计要素和作用机理来进行应对性设计，能够在有限的空间资源和景观要素与居民多样化的健康需求之间，寻找到实现搭接的方法和途径。

3.1.2　实施环境的特征

1. 空间场地的同一性

不同于城市开放空间或特定的医疗场所，居住区是城市的基本生活空间单元，含纳了不同的居住人口规模，一般特指城市干道或自然分界线所围合，并与居住人口规模相对应，配建有一整套较为完善的、能满足该区居民物质与文化生活所需的公共服务设施的居住生活聚居地。

居住区外部空间环境设计反映了居民的多样需求和行为特点，有着明确的规划属性和等级划分。根据《城市绿地分类标准》（CJJ/T 85—2002）（已废止），我国传统居住区规划设计中所执行的各级中心绿地，多划分为居住区公园、小游园和组团绿地 3 种常见级别，分别对应居住区、居住小区和居住组团的环境配置。在《城市绿地分类标准》（CJJ/T 85—2017）中，沿用了原有标准的社区公园，对应城市建设用地中"公园绿地"的配置，取消了原"公园绿地"中类所设的居住区公园和小游园，并将居住区内部配建的集中绿地归为居住区用地中的附属用地。在《城市居住区规划设计标准》（GB 50180—2018）中，各级生活圈的居住区公共绿地具有更大的用地占比，人均指标最小规模也得到提高，相应地，各类低、多、高层住宅居住用地的附属绿地条件也得到改善。

综合来看，居住区的外部环境主要以高、中、低楼群围合或掩映下的绿地斑块为主，混杂零散附属的绿带或绿地，规模从组团绿地的 0.04 公顷以上，到小区中心游园的 0.4 公顷以上，再到居住区级别的社区公园 1～5 公顷不等。这些公共绿地和附属绿地的形态受居住区空间结构的影响和建筑组群格局的制约，多体现几种典型的形制，具有较强的人工自然环境的痕迹，但经过巧妙的规划设计，仍为居民提供了休闲、交友、健身的绿色空间，是居民户外活动的主要场所，因而也是康复景观实施的最佳场地。

2. 环境景观的叠加性

由于居住区绿地环境被包裹于林立的高楼之间，绿色的自然景观常常与建筑景观相互叠加，延展的草地和水泥路面、硬质铺地的广场、停车场交互交错。同时，柔和的植被形态和边界与各类楼台亭榭、花架、雕塑及喷泉等建筑小品、设施共同叠加，构造出小区的自然与人工元素叠加的景观，形成了居住区绿地的主要格局和特征。另外，居住区绿地规模受自身项目用地规模的限制，无法随意进行功能分区，或破坏原有功能设定。更多情况下，康复景观在居住区绿地的植入，需要在有限的场地和空间进行多项功能的重合设置，因此对于康复景观元素的选取和组景手法要细致推敲、斟酌。

此外，日益凸显的高层化趋势使得居住绿地景观的空间氛围和视空率也受到一定影响。在这种情况下，康复景观在居住区的实施需要精心设计，来营造具有良好康复效果的景观效果和空间意境，同时，也为植物群落健康生长提供良好的光照和土壤环境。

3. 实施空间的复合性

在居住区营造康复景观，促进居民身心健康，首先遇到的问题就是过多的人口和过大的居住密度。由于我国城市居住区容积率以及家庭汽车保有量逐年攀升，居住区绿地的规模受到一定限制，景观质量也受到影响。有限的绿地空间资源和居民多样化的健康需求，使得康复景观实施的有效性和适用性受到挑战。用于调动居民被动体验的康复景观，需要营建完整和系列的复愈性环境；而用来进行主动实操的康复景观，需要提供适于植物生长、维护的场地，并适于居民进行治疗性园艺活动。因而，居住区康复景观的实施空间需要根据设定的目标和服务人群，充分利用空间资源，进行立体绿化，以创造更多的绿色空间，为更多的目标人群服务。同时，运用科学的管理手段，通过策划不同的疗愈项目，进行功能的复合配置，提高场地的使用率和周转率，来实现绿地的健康服务效能。

3.1.3　植物要素的作用

1. 康复景观中的植物要素

植物在康复景观中的地位和作用是主导性的、不可替代的。国内外相关领域的权威机构和专家对植物在康复景观中的作用都进行了详尽的分析，美国园艺疗法协会认为植物是康复景观环境的主体，它提供了一个生长的环境来促进人身心健康的恢复；而一些学者则从目标人群的五感体验角度阐述了植物对于目标人群多方面的影响。此外，植物更是园艺操作的核心元素，并催生了面向专业化治疗的园艺疗法，这是其他环境要素难以比拟的。从规划设计角度出发，植物也是重要的设计素材和对象，植物不仅可以形成多样的景观，也能衬托、柔化建筑、设施等人工环境景观，多数情况下，自然与人工环境要素互为补充，共同构成城市环境中的康复景观。

2. 城市居住区中的植物要素

植物作为自然要素，是居住区景观营建中的主体，在所有要素中占据主导地位，与人们的生活密不可分，对居住区景观效果及其服务功能影响层面众多。例如植物随着季相变化，色彩、形体、线条、味道也随之变化，对改善居住环境、增加景观多样性起着重要的作用。不同植物种类的选择与搭配也会出现不同的景观视觉效果和嗅觉效果，优化植物种类的选择与搭配也对居住区景观的效果产生重大影响。其他作用还包括生态功能，如滞蓄与净化雨水、阻滞尘埃、释放杀菌素、隔音降噪等；社会服务功能，如为不同人群提供绿地，用于休闲游憩、防灾避险等。

由于传统的规划设计方法未能充分认识绿地的健康服务功能，虽然植物景观在居住区外部环境中占据主导地位，但其角色要么为陪衬建筑组群、围合场地、美化环境之用，要么承担改善居住区生态环境、微气候环境的功能，其潜在的健康服务功能没有受到应有的重视，难以发挥全面的作用。康复景观理论体系的引入，使得形态迥异、不断生长变化的植物要素在居住区景观规划设计中被赋予新的重要角色，从而改变了设计的取向和方法，提出新的要求。

3.1.4 目标功能的复合

1. 康复景观的目标功能

一般来说，康复景观的应用环境多为医疗环境和养老设施，目标人群类别相对固定，因此目标相对集中，功能指向明确，主要包括以下四个方面：

（1）提供具有健康促进功能指向的场地和设施，营造不同于传统花园的景致和环境。

（2）通过打造令人愉悦、熟悉或新奇，并且安全的自然环境，刺激、调动人的肢体运动，鼓励探索，提高自我效能，增强精神的警觉性。

（3）提供多样的环境以供选择，来保证在不同气候条件下目标的实现，包括室内的或花园内的空间选择。

（4）增加与自然接触的机会，拉近与自然的距离，提供适度的冥想空间。

2. 城市居住区的目标功能

城市居住区景观设计的应用场所为居住区外部空间，环境氛围相对确定，但由于目标人群的复杂性，因此目标功能多样而复杂。居住区绿地的主要目标是通过对自然现状的改善、绿化空间的优化、美景的增强以及人文理念的展现等，打造理想的、舒适的自然环境。

根据目前的相关规范和标准，居住区绿地主要用于居民的娱乐、观赏和游憩，具体包括：

（1）追求完善的服务和使用功能，如散步、休息、健身、遮阴、聊天等。

（2）希望摆脱传统的居住区形式与风格，摒弃烦琐，提倡更加简洁、明快、流畅的设计手法，致力于多元化特征的体现。

（3）增强可持续性，创造适宜人居住、和谐共生的居住区绿地景观，努力创造人与自然相互依存的条件，实现城市的可持续发展。

康复景观是一种功能指向性很强的环境营建形式，应用于居住区景观设计时，要在规划设计前期，汇集专业的设计师、心理学家、社会工作者、使用人群等多方力量，明确目标人群的身心健康需求，从而提升居住区绿地的健康服务功能，为居民健康促进活动提供便利、理想的空间环境和实施平台。

3.2 居住区服务人群行为特点与康复景观应对策略

3.2.1 居住区服务人群行为特点

环境是行为发生的场地，行为是人对于环境刺激的反馈。居住区康复景观为居民提供了健康促进活动的空间环境，反映着人与环境之间的互动关系，促进人的身心健康朝向积极的一面变化。因此，居住区康复景观规划设计在处理好场地因素的同时，也应大力关注居民在日常外部空间活动中的行为特点和心理需求，将人的心理感受和行为活动因素纳入景观设计之中，力求设计的合理性与治疗的实效性，优化康复景观的实际性能。

居住区的使用人群是全体居民和周边的邻里，没有归于某一特殊的疾病人群。在排除地域性和特殊时期流行病的情况下，这一人群应该符合国家一个时期人口健康状况的普遍特征，也就是对应各类慢性病和心理障碍通常的发病率分布。一般来说，居住区人群按照年龄可分为儿童、青少年、中年人和老年人。他们各自的需求和行为模式不尽相同。

1. 儿童

儿童是居住区比较特殊的人群，这不仅在于他们外在的身体特征与其他人群不同，也在于他们尚不成熟的认知发展水平。儿童在居住区外部空间的活动是通过家长的鼓励、辅助和自我探索来完成的。源自家长推动的活动包括适应环境、机体锻炼、认知教育和社会联谊与交流等方面的内容。由于儿童自身的心理特点，在好奇心的驱使下，他们也会主动进入新奇的环境中去探索未知的事物，反映了其发展的天性。

儿童的活动随性自由，体现出摆脱内容、地点、方式、时间等条件约束的特点，体现了儿童对自由活动的需求。他们的游戏方式更是千姿百态，如果不能自我选择，满足兴趣，他们会选择放弃玩耍的机会，因此，场地安全、适合多种活动是康复景观设计的关键议题。

亲近自然是人之天性，儿童更是如此。无论是充满自然情趣的草地、树木、花草，还是人为的沙坑、随地形起伏的坡地，都是儿童心仪的对象。由于儿童认知水平尚不成熟，不能准确地评判环境的危险性和行为造成的结果，因而他们的行为往往带有一定破坏性，如攀爬树木、栏杆、公共设施等，同时也会对自身造成一定的危害。这些都是儿童在成长过程中所表现出的自然过程，需要积极引导、呵护，通过适合的场地设计、安全的设施配置来促进其积极的户外活动行为，寓教于乐，开发智力和创造力，提升其社会沟通能力。

2. 青少年

青少年人群处在成长发育的鼎盛时期，身体健康，精力充沛，多数处于求学和工作初期，追求生活的意义、猎奇好动是他们的禀性。这一人群在居住区有着特定的逗留时间和生活节奏，长期居住的青少年人群一般会在晨练时光顾居住区绿地空间，而在高校学习的学生则会在寒暑假偶尔出现。

另外，良好的体力和广泛的兴趣使得这一人群更乐意选择较远的大型公园和滨水空间作为游憩的场所，因此，居住区绿地环境只有提供多样的活动场景和新奇的景观效果，才能吸引他们的注意。而来自学业的压力和初入社会的困惑使得青少年面临更多的情绪波动和心理疾病，抑郁、焦虑、自闭，甚至自残现象也时有发生。目前不可忽视的一个问题是如何利用居住区的便利条件，为青少年人群创造一个及时释放内心的压力、得到心理调节的自然环境，应对他们这一时期的特殊需求也是康复景观的重要意义所在。

3. 中年人

中年人群往往是居住区的主要构成群体，大部分时间在外工作，无暇参与居住区绿地的休闲与健身活动。他们的各项生理指标进入顶峰后开始下降，各种慢性病和心理负担初现端倪，但综合认知能力和社会地位达到最佳状态。由于工作繁忙，家务众多，这一人群在户外的活动方式更多是短暂的宁神静思，或饭后散步，以摆脱日常生活琐事的烦恼。因此，他们对于环境景观品质的要求更为挑剔，喜欢在清净、优雅、使用密度较低的环境中从事适度的休闲与健身活动。

4. 老年人

老年人是居住区绿地环境另一主要使用群体。老年人的需求更加丰富、细致，随着身体状态和心境的改变会有不同的需求，通常包括以下几种情况：

（1）健康需求。老年人身体状况全面开始衰退，活动能力和范围受限，各种心理问题包括认知障碍多有显现。

（2）交流需求。居住区中的老年人多退休在家，或独居或与子女住在一起，且多为各种疾病所困扰，大大影响了其出行及社会交友能力。白天子女上班时，孤独寂寞常伴左右，他们迫切渴望关怀与问候。

（3）活动需求。老年人耐久力下降，协调能力欠缺，适宜从事更为安全、缓慢的活动。

因此，老年人的户外活动要么选择阳光充足、幽雅安静的区域静坐，要么择群聚集，从事集体娱乐活动，希望从中感受到更多的关心、照顾和相互慰藉。

3.2.2 居住区服务人群行为需求的应对

1. 环境空间的功能化

（1）延续传统功能。针对居住区人群的不同背景和多样化需求，居住区外部空间环境的功能设定与划分，应在遵循延续传统生态服务功能、审美休闲功能和社会服务功能的基础上，增加健康服务功能，以应对社会发展和生活习惯变化所引发的公共健康问题。传统居住区环境建设已形成稳固、有效的功能机构，为居民的宜居生活提供了基本保证；而有助于促进居民身心健康的康复景观反映了新的设计理念和追求，应融合于传统的功能体系和景观形式，共同发挥作用。

这种来自审美和功能上的综合要求，使得居住区绿地在提供净化空气、降温增湿、隔音滞尘、杀菌蓄水以及提供健身休闲等不同功能方面求得叠加与整合，既降低了成本，又节省了空间，并反映到形式的构成上，从空间尺度与形态，到场地组织与植物设计，通过乔、灌、草组合与其他要素的叠景，营造出丰富审美感受和治疗性实操空间。

（2）拓展健康服务指向。康复景观不同于传统绿地景观，具有明确的健康服务功能指向。康复景观通过营建主动参与的治疗性花园，为不同症候的病患人群及有健康复愈需求和预防需求的亚健康人群乃至健康人群，提供了有效的园艺种植活动和户外心理治疗项目，并展现出便利性、低成本、低副作用的巨大优势。

此外，康复景观在传统景观美学的基础上，结合卡普兰的注意力恢复理论和乌尔里希的自然环境减压理论，在环境心理学模型的基础上，创造出独特的注重五感体验和心灵修复的被动体验景观形式，如医疗花园、冥想花园和复愈性花园，通过环境中自然要素的精细化设计和美学提升，在形式美的基础上将使用者的需求与心理正向意念的刺激、调动结合起来，摆脱单纯形式美的范畴，为景观系统注入可用性这一新的功能。这也是居住区康复景观一个新的重要价值体现。例如，院内座椅的设置不仅考虑构图的和谐统一，更应考虑实际特定人群使用的需要，其形状、材质、高度等要满足服务人群的身体状况和活动内容的限定，并适应不同季节的气候特点。这种功能上的考虑带给设计的变化是与众不同的，座椅间的距离应符合人们交往的需要，座椅的扶手可刻画能触摸的纹路，增强对使用者手部神经的刺激，感受外界的反馈，增进感知信息的传达。

绿地、花坛等设施的安排也要考虑园艺种植活动的实施，而不同于传统的景观设置。植物的选择配植除了造景上的美学考虑，还要有利于促进对人的感官的刺激和正向情绪的引导。

康复景观的实用性还体现在通过景观元素和景观形态的营建，促进情感的体验，调整人的心态、情绪和认知水平。根据现代医学研究，一方面，环境的形象具有实体性、四维性、时空性和通感性，可通过感官对大脑皮层进行刺激，对心理和情感实现调节，最终让使用者释放压力、改善心神，自我情感与外界环境契合，和谐统一；另一方面，园艺活动有助于人调解心理状态，具有减压、改善逻辑思维、提供积极健康情绪等作用。大自然赋予人们以情感化的力量，并帮助人们康复、弥补空虚寂寞。因此情感化设计对于空间的打造不可或缺。

（3）提高环境兼容性。居住区绿地环境的康复景观营造，要促使场地和景观设计满足人们主动和被动的身心健康调节的需要。也就是说，环境的空间结构、美学特征和设施的配置，要适应各种功能的要求，促进复愈活动的实施和完成。包括提供足够的场地用于种植和维护操作，创造有层次性的景观，提供丰富的体验，以及选择搭配优选的植被系统，为芳香疗法和园艺疗法准备适合的材料等内容。

2. 服务目标的分设与统一

（1）锁定核心目标，设立分目标体系。居住区内人群组成复杂、年龄段多元化，因而居住区公共绿地和其他服务设施的配置要求体现均好性原则。针对居住区人口结构的复杂性特征，绿地空间的康复景观应建立面向多数人群使用需求的核心目标，针对各类人群身心健康涉及的共性问题，设计相应的景观形式和治疗性活动，以体现公共服务的宗旨。

此外，不同人群身体条件迥异，面临的健康问题各不相同，因而要求居住区康复景观进行针对性分类设置，为儿童、青少年、中年人和老年人分别提供适宜的身心复愈和锻炼场所。例如，应对儿童自闭症的五感体验园、针对老年人阿尔茨海默病的感知园，以及帮助中青年人恢复精力和减压的冥想花园等。这种统一中的差异性考虑，使得居住区康复景观需要建立一个多功能的绿地体系，既能维护大多数人的共同利益，也能尊重少数人群的特殊需求，充分体现人性关怀。

现有居住区景观设计的目标涉猎较广，涵盖范围多基于改善生态环境、美化小区风貌等通常的考虑，服务功能宽泛，缺少细致划分。康复景观这一新兴事物的出现，使得居住区原有景观体系更加注重对人群需求的挖掘，体现更多的精细化和实效性考虑。

（2）目标体系的整合与灵活性。居住区康复景观的目标设定要在居住区现有绿地空间条件的基础上，综合考虑核心目标和面向不同人群的分目标体系建构，划分绿地比例，确定空间形式和植物与设施配置，并使场地能够承担多种健康服务功能，具有一定的灵活性。此外，健康服务的目标体系应与原有的生态服务功能、社会服务功能等目标体系衔接、融合，以提高空间的混合使用和场地的兼容性，保持各功能体系的协调与稳定。

3. 气候条件变化的考虑

居住区居民的日常户外活动会表现出较强的季节性波动规律。在北方寒冷与严寒地区，四季分明，人们在春、夏、秋季室外活动较为频繁，内容多样；而冬季则外出活动稀少，形式较为单一，持续时间也会大幅缩短。同时，由于各年龄段人群身体状况有所不同，尤其是老年人对冬季寒冷气候较为敏感，容易发生不适，所以居住区康复景观规划既要考虑植物的耐旱性和季相变化，也要考虑复愈活动的季节连续性，提供适应不同人群活动时长、频率与需求的冬季时期康复景观环境与设施。南方则正好相反，夏季炎热，人们喜欢待在凉爽的地方，减少外出活动，因此，绿地环境要精心做好场地通风设计，植物组群应该结合休闲设施布局，以提供必要的遮阴防护，温热多雨的气候也为雨水花园的实施提供了有利条件，丰富的水景设计可以提高场地的适宜性，增加居民参与户外活动的兴趣。

3.3 康复景观在居住区的应用途径

3.3.1 服务人群的确立与转换

与医疗环境不同，康复景观在城市居住区中的应用首先涉及服务对象的划分与确立问题。不同于医院里明确而集中的病患群体，居住区居民多处于亚健康状态、病后休养期或健康状态，具有较大的混杂性和不确定性。症状类型也呈多元化趋势，服务的目标也由单一的治疗和康复转向预防、治疗、康复与预后等多种目的，持续的时间也由短期的康复计划转向终身的活动，主要包含以下两个层面。

1. 目标人群的泛化

通常，专业医疗与康养设施环境的康复景观的服务对象多为身患疾病的人，对应的症状和心理问题明确，易于确定康复景观的用途和采取的措施。而居住区康复景观针对一般人群，身体健康状况因人而异，需求千差万别，因而需要针对各类人群的共性问题进行规划布局和景观设计，利用有限的绿地空间资源，为尽可能多的居民服务。而且，每个人的身体情况是波动的，健康的问题不断变化，同时也存在共病现象，因而，居住区的服务人群的划分和确立应以服务于常见疾病和亚健康问题为主，在有条件的情况下，选择典型人群规划不同的功能分区和康复景观。

2. 康复景观的应用

居住区康复景观的价值实现有赖于居民对这一新兴事物功能的正确认识，从而积极、正确地利用居住区自然环境来促进身心健康的恢复，或者为应对未来的健康危机打下良好基础。康复景观从设计到使用都涉及很强的专业知识和技能，需要由有资质的注册治疗师为服务人群进行培训，正确地使用绿地空间，以及安全、科学地参与实操治疗活动。不管是自发的休闲复愈活动，还是针对性较强的治疗性园艺活动，都要求结合使用人群自身的条件和需求，掌握相关的技能和方法，并获得专业治疗师的诊断和指导，才能取得显著的效果。

一些患有心理障碍的人群本身就趋于自我封闭，排斥公共交往，因此康复项目的启动和维持至关重要。通过有效的活动组织，促进使用者的主观康复意愿，消除耻辱感，是居住区康复景观建设的重要环节。

3.3.2　空间环境的使用

居住区康复景观多设于公共绿地当中，居住区的人口、建筑密度、容积率、道路和绿化配置，都会对居民的外部空间使用情况产生不同的影响，并进一步决定康复景观的实际应用效果。

居住区空间环境各项指标都有硬性规定，绿地的可达性、道路交通组织、绿地与住宅组群的景观序列关系，以及关于生态、美化功能的考虑，使得康复景观的设计必须纳入居住区规划的基本框架之内，这些因素都会限制康复景观的实施效果。由于居住区绿地空间有限，而居民的人数往往超出空间场地的承载能力，过大的密度也会显著降低环境景观的品质，因此，利用不同人群的工作、生活节奏和出行习惯，安排场地的轮候和周转，进行交错使用，可以提高绿地的使用率，提高康复景观的作用。

居民在居住区绿地的活动不受医院治疗计划或养老照护机构的日程表的限制，居民有着更大的自主选择权力，而且，这种人与环境之间正向、积极的互动关系可以长久地维持，惠及居民的身心健康。因而，居住区康复景观的实施方式是独特的，如何促进居民对康复景观的新奇感和依赖感，实现高效的使用及其价值，是居住区康复景观营造的关键所在。

3.4 城市居住区景观使用主观调查研究

3.4.1 研究方法

1. 调研地点选择及对象

本次调研选定黑龙江省哈尔滨市某典型居住区，调研季节为夏季。调研时间包括5个时段：5：30—7：00，7：30—9：30，11：30—13：30，15：00—18：30及18：30—21：30。总共发放调查问卷160份，回收有效问卷141份，有效率为88.1%。受访者的类型基本符合居住区人群分类和构成比例。

2. 调研方法及调研问卷设计

本次调研通过定量分析的问卷调查法、相关区域和对象的观察法，对哈尔滨市现有样本居住区进行深入研究。

问卷通过设计10个问题和1个赋值表格，对居住区景观使用人群的行为特征和需求、总体感受、满意度及未来建议4个层面进行了调查。其中适用人群的行为特征和需求包括使用频率、活动类型等；总体感受涵盖了从生理到认知等多个层面；满意度的赋值要素从植物到基础设施，从视觉到嗅觉感知；未来建议涉及实体的景观要素、动态的身体活动以及集体性活动等内容；而对居住小区绿地满意度的评价，通过受访者选择区间分段的方法，对绿地满意度赋值。

3.4.2 调研结果统计

1. 城市居住区景观特征分析

据观察，样本居住区绿地主要由小区中心绿地、中心广场与次级活动绿地、健全或不健全的组团绿地、宅间庭院等组成，主要配套设施有花坛、凉亭、铺装地面、雕塑及简易休憩设施等。水景布置极为稀少。

2. 城市居住区景观使用居民主体特征分析

根据调查统计，受访者男女性别比例为 1.4∶1，差异较小。受访者按年龄段分类，青年的年龄段参照目前大学本科至研究生阶段教育年限，即 28 岁为上限，定义为 15～28 岁。中年参照开始工作至退休年龄的情况，年龄段为 29～55 岁。老年人划定为 55 岁以上。受访者中老年人比例最多，占 44%，其次为青年人，最后为中年人。其中儿童选项虽有设置，但由于其认知水平有限，样本数量极少，所以并未对儿童进行问卷调查，主要采用观察法进行后续分析（图 3.2）。

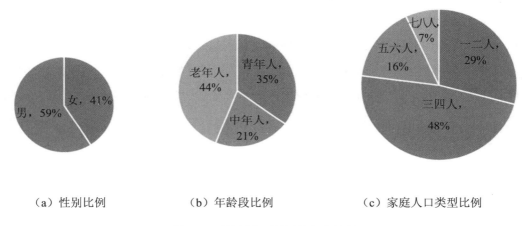

（a）性别比例　　　　　　（b）年龄段比例　　　　　　（c）家庭人口类型比例

图 3.2　受访居住区居民的主体特征

从家庭结构可见，目前三四人三代同堂的家庭结构占据近一半比例，其次为一二人的小型化夫妻家庭，之后为人口数较多的联合型家庭结构。该数据与目前的家庭结构核心化、小型化趋势相吻合。进一步调查发现，三四人家庭多为刚刚步入婚姻的年轻夫妇，生育孩子后，会选择与其中一方的父母共同生活，发挥三代直系家庭在抚幼方面的优势。

调查将居民身体健康所面临的状况分为慢性病（如心脑血管疾病）、生理困扰（如肢体部分残疾、视力缺陷、行走迟缓等）、心理困扰（指未得到明确诊断的孤寂、忧郁、焦虑、压力较大、孤僻等倾向）和精神困扰（指得到明确诊断的妄想、幻觉、错觉、抑郁、焦虑、偏执以及情绪控制、情感障碍等症状）。其中，心理困扰是介于健康与疾病之间的第三状态，是正常人群组中常见的一种亚健康状态，它是由于个人心理素质、生活事件、身体不良状况等因素引起的心理失衡。而精神困扰是多种心理障碍的综合体，体现为大脑机能的紊乱。二者之间是存在差别的。

根据调查结果（图 3.3），总体来说，心理困扰和精神困扰是青年和中年所面临的主要健康问题，而慢性病和生理困扰在老年的健康问题中比例较高。逐一而论，青年群体主要面临的健康问题为心理困扰高达 72%，其次为精神困扰占 20%，慢性病和生理困扰次之，符合该群体的生理特征和心理发展阶段。由于目前社会竞争压力较大，青年阶段面临的来自工作与家庭的挑战较多，无形之中会给青年人带来很多心理方面的影响。而中年群体四种类型分布较为平均，但精神困扰仍高居首位，慢性病和心理困扰比例基本持平，最后为生理困扰。中年人处于人生的中游阶段，所要承担的责任繁多，而身体状况开始走下坡路，社会责任、家庭责任和工作负荷最多，因此身心俱疲，各项指标都居高不下。老年群体中慢性病和生理困扰各占据了三分之一的比例，精神困扰约为 20%，仍不可忽视。老年群体因年龄、身体机能的减退使得实质性的问题日益突出，并且退休后，身体的闲置和经济收入能力的下降会给精神上带来许多负面的影响。儿童群体绝大多数属于健康状况正常，但目前儿童群体的自闭症、多动症和学习障碍综合征等患病数量日益增多，不容忽视。

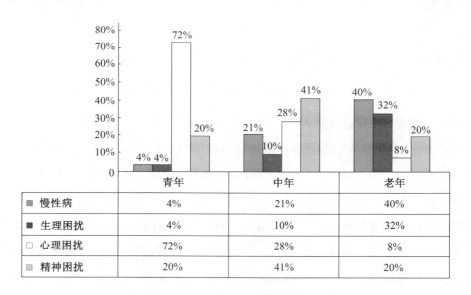

图 3.3　受访居住区居民的身体状况

3. 城市居住区居民户外活动与行为特征

（1）居住区绿地使用频率及停留时长。关于居住区绿地使用频率及停留时长，将频率分为四个等级：经常、有时、很少和几乎不去。而停留时长按照哈尔滨市平均日照时间以及季节的考虑，分为四个时间段。调查问卷统计结果显示（图 3.4），使用频率的 4 个方面在 3 个群体中呈现出平均趋势，平均停留时长多集中在 1～3 小时。其中青年群体的频率几乎涵盖了 4 个方面，较为平均，但停留时长多为 1 小时以内，属于 3 个群体中不太活跃的一类，由于工作和学习情况，"几乎不去"的频率也占据一定的比例。中年群体整体水平适中，频率分布亦较为平均，停留时长多为 3 小时以内，较青年群体停留时间略有延长，但中年面临的责任较多，需要付出更大的精力履行各种责任，因此这个比例下的时长能否保持，是一个值得关注的问题。

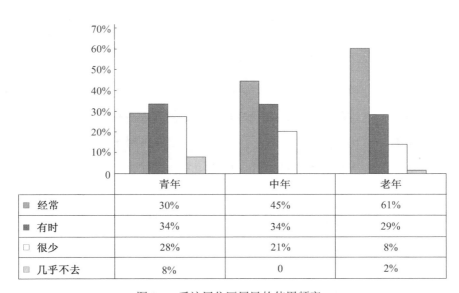

	青年	中年	老年
经常	30%	45%	61%
有时	34%	34%	29%
很少	28%	21%	8%
几乎不去	8%	0	2%

图 3.4　受访居住区居民的使用频率

老年群体属于整体人群中活跃度最高的群体，"经常"和"有时"频率下的比例已经达到 90%，并且停留时长在 3 小时内的基础上，出现了 3～5 小时的使用情况，甚至超过 5 小时（图 3.5）。此外，由于老年人身体状况原因，极少数老年人常年难以出门，所以"几乎不去"占据一定比例。老年群体已经退休，闲暇时间较多，但由于家庭人口结构，其抚幼角色凸显，老年群体的户外活动多与学前儿童同步，因此可以推测，儿童群体的使用频率和停留时长可能类似于老年群体。

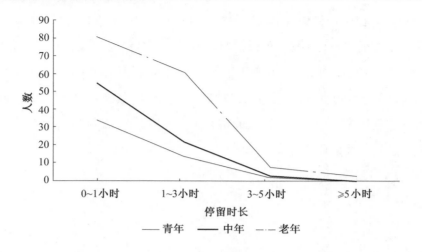

图 3.5　受访居住区居民的停留时长

（2）居住区居民使用绿地的期待趋势。此项分析中将统计受访居民造访居住区绿地的原因，并与后续使用居住区绿地后的变化进行趋势上的匹配分析。

根据统计分析可看出（图 3.6），青年、中年和老年群体对于造访居住区绿地的期待意愿之间存在差异。其中青年和中年群体的使用比较具有针对性，主要集中在强身健体、放松减压以及享受自然环境体验。而老年群体的初始需求较为全面，不仅有延缓疾病侵袭、强身健体，还包括心理上的诉求，如摆脱孤独、加强社会联系，甚至包括展示自我、寻求认同的深层需求。

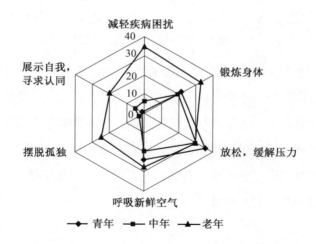

图 3.6　受访居住区居民造访居住区绿地的期待意愿统计

青年群体的需求多为生理以外的，这是由于年龄适当，身体相对健康，更多面对的是外在的社会压力。中年人既有照顾父母、子女的负担，又要面对自身工作与健康的压力。

而老年人除了对于自身健康需求之外，如对抗各种老年疾病，更要承受心理上的问题，或是自己的存在感逐渐减弱的现实，或是退休后，突然从社会的责任中解脱，难以适应，希望能够重新得到外界的认可，因此自我认同与自我实现成为这一群体的特殊需求。最后，关于儿童群体，其需求主要为生理上的强身健体，培养认知能力，以及寻求天性释放的途径。

如图 3.7 所示，受访居住区人群总体的变化包含 4 个方面，由于居住区最终的设计成果是作为一个整体复合区域的展现，因此并未划分人群进行讨论，而是将可能出现的结果以及使用人群自身的生理特点总结出了主要的几大方面。图中可看出，"平静、放松、压力减轻"是所有选项中趋势性最强的，其次为"心态愉悦、积极向上"和"精神焕发、体力增强"，而最弱的为"逻辑思维能力加强"。

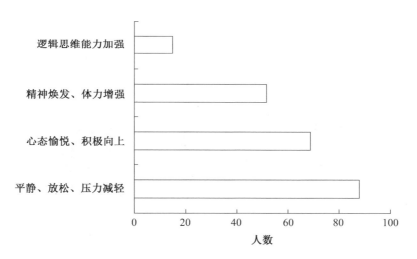

图 3.7　受访居住区居民使用居住区绿地后的变化

（3）居住区居民使用绿地空间的行为特点。通过调查问卷统计可得出（图 3.8 和图 3.9），居住区居民在绿地中的活动类型和对活动空间的选择因群体的不同而有所差异。此处的集体动态活动，人数通常达到几十人，如广场舞、太极拳等。群聚性活动静动皆有，人数在10 人以内，如下棋、打扑克、器材锻炼、散步等。而静态活动包括林荫乘凉、闲聊、冥想等。其选择的空间类型中，开敞空间尺度较大，视野开阔通达，如广场、大片空地等；半私密空间如没有完全围合的区域；私密空间则围合感较强，比较隐蔽，如林间小路或角隅空间等。

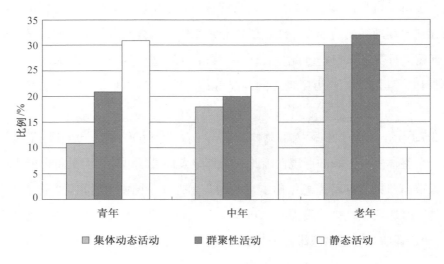

图 3.8　受访居住区居民活动类型

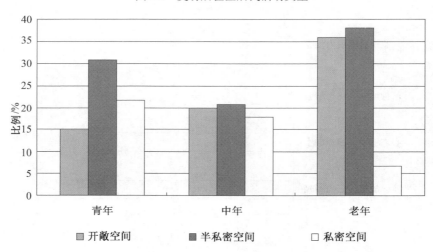

图 3.9　受访居住区居民活动空间

通过图 3.8 和图 3.9 可看出，青年群体偏好群聚性活动和静态活动，活动空间多选择少有打扰的半私密和私密空间。青年群体多为正在接受教育的人群，闲暇时间较少，而且由于特殊成长时期的特点，自我意识较强，不愿意受到更多的干扰，因此大多数更喜欢小范围社会圈子内的活动，活动空间也趋向于较为封闭的私密空间。中年群体因年龄跨度较大，在活动类型和活动空间的特征上表现出了多样性，且统计的比例较为均等。相对于青年群体，中年群体白天的工作压力较大、时间较长，因此在居住区绿地的使用上会倾向于利用零散的闲暇时间，形式更为多样，这也表现在空间的选择上。老年群体与青年群体形成了一定的对比性，更喜欢集体动态活动和群聚性活动，因此在空间上更偏向于开敞空间和半私密空间。老年群体大多已退休，有更多的闲暇时间，或为了丰富生活，或为了照顾子孙，更希望与他人交流、引起他人的关注。由于过于私密的空间容易引起不安全感，缺少社会交流的机会，因而使用的比例较低。

4. 城市居住区景观满意度量化评价

居住区景观满意度是居民对所在居住区绿地的感受反馈。通过对上述 3 类人群对居住区绿地要素满意度赋值的分类分析，提取各类人群对于居住区绿地的满意度评价，并归纳 3 个群体调查所反映出的共性问题。

从图 3.10 可以看出，受访居住区青年群体的分数段赋值主要集中在 7～10 分，其次为 4～6 分，这说明青年群体对居住区绿地的整体满意度较高，但其中水体和雕塑两项的分数较低，尤其是水体，满意度赋分段下降到 1～3 分。青年群体由于白天忙于学业，使用居住区绿地的频率和停留时间较短，在绿地空间中通常是与伙伴们一起游憩，而且个人自身的认知和审美等局限性以及对绿地的关注度较低，所以整体满意度较高。

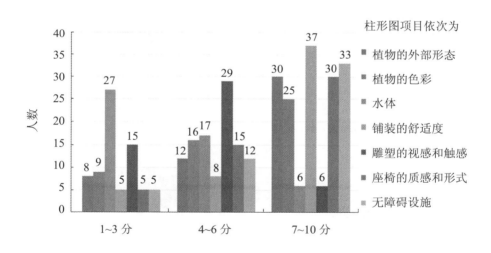

图 3.10　受访居住区青年群体对居住区绿地的满意度分析

从图 3.11 可以看出，与青年群体不同，中年群体的分数段赋值主要集中在 1～3 分和 4～6 分，其中，给予水体、雕塑和无障碍设施三项分数段赋值在 1～3 分区间的人数位于前三位，满意度最低。而其他四项处于中间水平。通过上述分析可知，中年群体的学历、经历和阅历都处于高峰时期，或正在上升阶段，而且使用居住区绿地频率和停留时间较青年群体也有所延长，有相对较多的时间去观察居住区绿地的各个要素，并做出合理的判断。因此对于居住区绿地的满意度处于中等偏下水平。

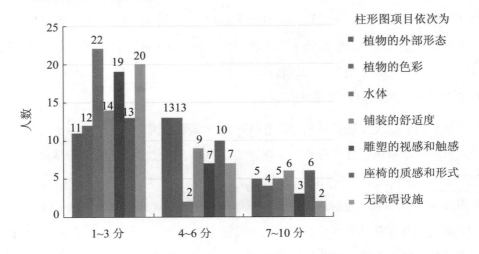

图 3.11　受访居住区中年群体对居住区绿地的满意度分析

从图 3.12 可以看出，受访居住区老年群体的分数段赋值主要集中在 1～3 分，其中水体所选人数列居首位，其次是雕塑，再次是座椅和无障碍设施。其他项目所选人数也很均衡。老年群体是居住区绿地使用频率最大、停留时间最长的群体，因此样本容量中比例也较大。老年群体对居住区绿地的满意度较低，主要来自自身活动能力的下降，以及照看子女幼童的需要，会对绿地中的各类设施和无障碍设计提出细致的要求，而目前我国多数居住区在这方面缺乏足够的考虑。

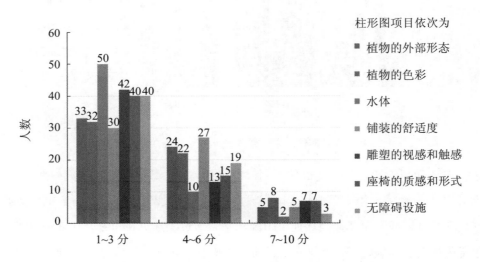

图 3.12　受访居住区老年群体对居住区绿地的满意度分析

由上述 3 个群体的分析可知，针对同一绿地组成要素，不同的群体有相近或截然不同的看法，究其原因是使用群体各自不同的关注点和行为特点。而且通过调研发现，3 个群体都认为水体和雕塑是所有居住区绿地景观要素中满意度最低的两项，这与目前我国景观水体和公共艺术普遍建设不足、质量不高的现状是吻合的，应在居住区绿地规划设计中引起重视，深入思考。

5. 城市居住区居民景观偏好分析

针对受访居民对于居住区绿地的景观偏好，具体从以下 3 个方面进行分析：居住区绿地的建议、公共活动参与意愿和形式，以及以家庭为单位园艺活动的意向。由于居住区绿地规划设计通常是整体考虑的，因此这部分也纳入整体设计进行统计分析，而不进行分类统计。借此为今后居住区绿地的规划设计中有形实体要素和无形精神要素的构建提供参考意见。

根据图 3.13 统计，可以看出受访居民关于水景和遮阴树木的建议高居前两位。其次为便利设施、半封闭的个人空间和植物的花形、花色，所选人数也都过半。对植物的花和味觉的需求稍逊于形和色，排在靠后的位置。道路铺装由于所需的群体具有很大的针对性，因此在总体的需求中排位靠后，但却是居住区景观设计中一个不容忽视的重要元素。目前居住区人均绿地面积指标较低，高大的乔木较少，新种植的绿化难以生成优美的景观和遮阴效果。此外，人口的老龄化使得便利设施如扶手、坡道、铺装等要素的重要性在设计中尤显重要。例如，北方地区由于气候条件、技术和政策的制约，虽然水景在居住区绿地中普遍受到居民欢迎，但其实施应用的例子却不多。

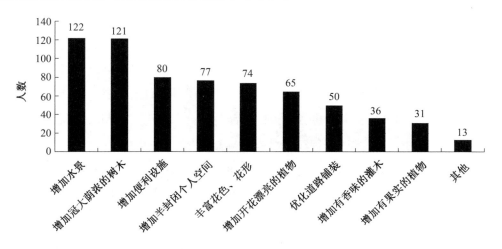

图 3.13　受访居住区居民对居住区绿地未来的建议和偏好

根据图 3.14 可得知，超过 90% 的居民对于居住区绿地活动的意愿是肯定的，而选择"喜欢"的比例占 35%。这说明居住区绿地的园艺活动较受欢迎，群众基础较好，并且通过正向的引导和积极宣传，可以将意愿不强的群体带动起来，进一步发挥居住区绿地的健康服务作用。而图 3.15 则进一步说明了居民对于绿地活动的偏好，其中农园体验活动所占比例最高，其次是园艺知识的宣传。目前城市居住区居民的人均活动面积减少，并且能够自助的空间更为稀少，人们对于自然的渴望和接触却日益强烈，丰富多样的园艺活动不仅能够调动人们健身锻炼、接近自然的热情，还有助于家庭和睦，更能够促进邻里交往和社区和谐，最大化实现居住区康复景观的价值和功能。

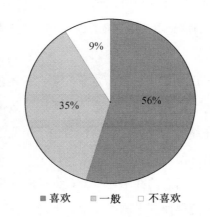

图 3.14　受访居住区居民园艺活动意愿

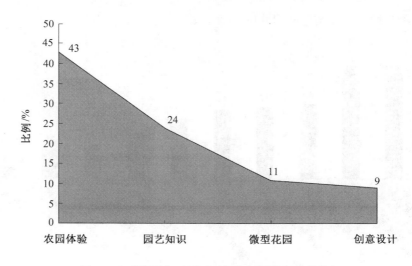

图 3.15　受访居住区居民对居住区园艺活动的偏好

3.5　调研结果分析与讨论

3.5.1　使用群体的"两极化"趋势

　　通过对居住区绿地使用情况的统计分析可以看出，不同人群对居住区绿地有不同的需求，评价标准也不同。其中，儿童和老年人对绿地的利用率最高，而他们的满意度却最低。无论是植物、铺装还是小品设施，尤其是水景要素，在所有评价要素中，他们的满意度最低。老年人是居住区绿地使用频率最大的人群，停留时间也最长。他们退休后拥有更多的空闲时间从事户外活动，他们在对绿地的使用中有充分的体验和细致的观察，熟悉小区绿地的每一类元素和空间角落，尤其是关注与自身密切相关的问题，如座椅是否舒适、雕塑内容是否合适、形象是否难以理解、植物色彩是否刺眼、走路是否摔跤等一系列较为细节的问题。因此他们的满意度是在后续设计中应着重考虑的要素之一。

　　研究发现，青少年群体由于大多数时间忙于学业，每天在绿地的活动时间较短，甚至平均少于 1 小时。中年群体为典型的上班族，目前城市中下班时间普遍为下午 5 点左右，甚至更晚，相对于青少年群体，中年群体所面临的压力更大，他们会设法寻找机会，通过绿地休闲活动释放压力，因而会在绿地中停留较长时间，成为居住区绿地使用的一个次要人群。

　　在人口老龄化日益严重的今天，对于老年人健康的关注，不应仅仅依赖传统的医疗体系来实现，更应该从改善其生活环境入手，借助自然干预的方法来促进他们的身心健康与社会交流。至于儿童，作为居住区绿地使用人群中的特殊一族，如何保障其在城市人工环境中接触自然的机会，充分享受游戏的快乐，强身健体，促进身体的发育，加强社会沟通能力，提高认知水平，应对未来的挑战，是居住区康复景观的主要目标之一。因此，居住区康复景观设计要全面考虑使用人群趋于个性化、差异化、两极化的问题，制定相应的设计和实施策略。

3.5.2　需要层次的"塔尖化"分布

　　由上述分析可知，受访居住区居民的整体需求已经从单纯的身体健康需要，逐渐发展到对自我展示、邻里尊重、社会交往的心理和社会需要。根据美国社会心理学家马斯洛提出的"需要层次论"（图 3.16），按照从低级到高级的次序，把人类的各种需要分成 5 个层次：生理需要、安全需要、社交需要、尊重需要和自我实现需要。人类在实现低层次需要的情况下，会关注更高的需要。而从上述调研结果看，我国城市居民对居住区绿地的使用需求也符合了这一理论构想，呈现"塔尖化"分布。因此，居住区绿地的景观设计应该在满足使用者较低层次需要的基础之上，最大限度地满足其更高层次的需要。马斯洛需要层次理论在居住区景观设计中的应用前景广阔，可分别针对儿童、青年、中年和老年群体，从生理、心理、社会三方面逐步递进地分析其对环境的需要。

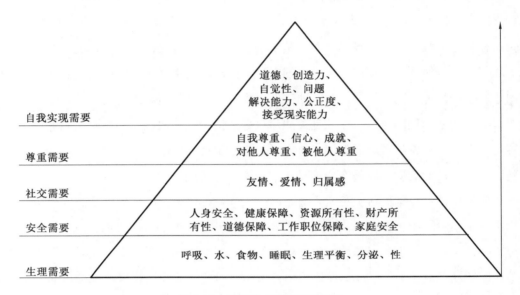

图 3.16　马斯洛"需要层次论"

3.5.3　景观设计的"滞后化"

前述的居民满意度调查揭示了居民对居住区绿地的整体满意度，虽然不同群体之间存在差异，但整体偏低。而对于环境中的单一要素，尤其是水体、雕塑、公共设施与无障碍设计等，评价分值更低。这说明现有的居住区景观，无论是从功能还是景观质量考虑，都与居民的实际期望值存在较大差距，或者无法适应社会发展带来的公众需求和价值观的改变。而对于康复景观这一类新兴的事物，则在空间规划、场地设计和要素组成方面表现出更大的滞后性。如何优化居住区景观，实现景观功能性与使用者需求的对接是目前所面临的挑战。

美国医疗研究机构塞缪利研究院在治愈性科学领域提出了最优治愈环境（Optimal Healing Environment，OHE）理论（图 3.17），认为治愈性环境应能够从社会、生理、心理、精神和行为多个层面促进身体健康，并刺激机体内在潜能，实现自愈。该理论包含 7 个要素，其中 4 个为室外环境要素，即践行健康生活方式、适用协同性药物、建立康复机构以及打造康复空间。

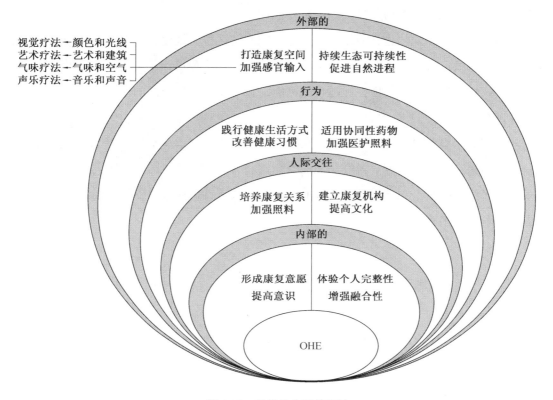

图 3.17 最优治愈环境理论

其中最后一项打造康复空间包含自然性、色彩、光线、艺术品、建筑、气味和音乐等内容。实质上是从视觉、听觉等五感对室外康复空间的打造提出了一系列要求，以增强感官体验。OHE 为治愈过程提供了全面的途径。而目前有学者又在此基础上，对室外环境要素进行了修正和精炼，进一步考虑了使用者的需求，提出了更为全面的室外治愈环境优化要素，包括创造康复空间、加强感官输入、促进自然进程等。这对目前居住区景观的打造具有极大的借鉴和指导意义。

3.6 本章小结

康复景观理念方法聚焦自然环境，以人的身心健康为服务目标，涵盖了多学科知识和理论，在居住区的应用和实施首先要对不同人群进行分类，分析他们的健康问题及健康需求，做到有的放矢，才能发挥其应有的作用。城市居住区人群具有多元化、复杂性和动态性特征，无论是年龄还是身体状况及复愈需求，会随着时间的变化而有所改变，因而对康复景观设计的目标提出更高的要求，不仅要符合医学方面的健康促进原理，还要考虑各类人群的不同需求，并兼顾居住区其他服务功能的设置。

居住区康复景观规划设计应根据户外绿地空间的区位、规模和空间结构，处理好场地设计，结合居民日常活动中的行为规律和审美偏好进行景观设计，使之符合居民对绿地的使用习惯，体现康复景观的内在原理，尽可能延长居民在绿地空间的停留时间，力求设计的合理性与治疗的实效性。

儿童和老年群体是居住区绿地最主要的使用者，在康复景观设计中要充分体现这两个群体的行为特点和健康问题，做好场地的安全性和人性化设计，同时兼顾其他人群的使用需求，使居住区康复景观营造具有更大的兼容性和适应性，在健康促进方面为居住区带来更大的便利性和多重的价值。

第4章 居住区康复景观设计策略

4.1 康复功能的指向

4.1.1 针对服务人群的目标设定

居住区康复景观设计首先要确定使用人群，明晰设计目标。居住区作为城市的基本生活单元，包含了广泛而多样背景的人群，从儿童到青年，再到中年和老年人群，不同的年龄段，身心成长的状态、身体机能和心理状态各不相同；而文化教育程度和思维能力，社会圈层、经济条件和社会地位，也会有极大的差异。因此，在居住区进行康复景观设计，首先要了解不同人群的身体健康状态和需求、审美偏好和行为习惯，才能有的放矢地提出解决方案，提高健康促进的效果，公平而又有针对性地推进康复景观及其自然疗愈体系的构建和实施。

4.1.2 创建洞悉健康议题的设计团队

居住区高质量的康复景观设计，需要建立包括景观设计师、园艺治疗师、医生、心理学家、工程师、技术人员、社区居民、投资商和政府管理者在内的广泛的、多学科交叉的设计团队，并参与项目的策划、规划、设计、施工以及后续运营维护的整个过程，及时进行信息反馈，实时促进项目的效果。在整个规划设计中，景观设计师和园艺治疗师起主导作用，汇总、权衡各方的建议和意见，坚持人与自然接触的设计主线，融入整个场地设计与细部处理，利用可以调用的资源和要素，最大限度地发挥康复景观的价值，最大化地实现康复景观功能。

团队成员的组成结构、从业经验、设计水平将主导愿景和目标的制定，并对整个设计取向产生一定的影响。跨学科团队的模式可以确保整个规划设计目标制定的科学性和有效性，使得设计能够有针对性地服务于特定或普适的人群。

在许多康复花园的设计中，设计团队成员之间的交流与合作是充满启发性和互补性的，医学背景的专家可以准确分析适用人群的症状和需求，而园艺学家的介入将保障园艺种植能够获得成功，使得最初的目标得以实现。开发商和政府管理人员的参与将为项目实施提供资金和政策的支持，推进项目的进展。

这种跨学科背景的团队合作，使得设计人员更加了解规划设计的对象是谁、他们的需要是什么、潜在的挑战以及可能遇到的困难。因此倾听和了解不同领域参与者，尤其是使用者的意见，不仅有助于规划设计，更能够给予参与者一种设计参与感，并且这种参与感和掌控感会一直持续到规划实施后。

鉴于景观设计师的重要地位，设计人员接受康复景观设计方面的培训显得至关重要。专业领域的培训有助于他们更加了解康复景观领域的研究和以前成功的案例，实现得到有效验证的循证设计，并且能够与团队其他成员更加有效地配合和沟通。一些景观设计师甚至专门致力于针对儿童自闭症或者阿尔茨海默病等疾病人群而设立的疗愈功能公园设计，进一步提高了康复景观的质量和实效性。

4.1.3 空间结构的划分与功能设定

在居住区实施康复景观，需要针对使用人群的不同需求，合理规划空间结构，划分不同的功能分区，并通过将康复景观的特征融入每个场地，赋予空间环境复愈性功效。传统居住区景观设计更多关注绿地系统的生态功能、美学价值与社会服务效益，而忽视了对健康服务功能的挖掘和强化，缺少通过身心互动机制提高居民免疫力、未病先防的举措，居住区绿地巨大的健康促进潜力远未得到发挥。因此，本着健康促进宗旨的康复景观设计，在遵循居住区规划设计规范与标准、维系原有服务功能设定的前提下，应当积极补充、植入新的健康服务功能。这一目标取向对景观设计提出更高的难度和要求，需要在综合考虑居住区绿地各类功能的基础上，合理规划健康服务功能，在有限的绿色空间资源条件下，规划合理的空间结构，衔接、协调不同的功能属性和场地条件，既要保证较高的环境质量，又要避免相互干扰和使用不便。

这种复合功能的绿地景观设计需要一个弹性的空间机构来适应不同的需求和技术特点的要求，在国外常见的形式是将绿色基础设施的设计与康复景观设计进行综合考虑，从植物的选型到场地的安排，雨水回收与净化的流程与园艺疗法的活动相互叠加、适应，从而在同一个景观系统内实现两种功能的对接和复合，节省了场地空间，也提高了实际的功能价值。

通过这种对不同功能的分离与统合，居住区康复景观营建将获得更大的推进，得以整合到原有的结构中，减少建设投入，更加适应居民的需求和行为特点，从而更有效地促进居民的身心健康，为构建生态与健康综合效益的新型人居环境模式做出有益的尝试。

4.1.4　环境要素的康复性效果评价

当康复景观理念应用到具体的规划设计时，在各类室外空间进行详细的设计之前，设计人员应将针对的物质环境对象，即居住区绿地的整体功能定性为恢复性环境。每个项目的设计影响要素都是不同的，包括场地、环境、规划目标、服务人群以及其他要素。但所有要素需同时考虑，以形成相互配合、协调的康复环境。这种整体性是一种系统的思考方式，可充分创造出环境的康复功效，它包含 6 个密不可分的要素：理念、人、系统、布局/方式、行为环境以及实施。它重点强调事物之间的联系，而非事物本身。除了传统的设计之外，它还着重于康复环境的一个要素——行为环境。塑造康复性环境的方法关键要通过设计团队的协同作战，解决相关联的要素，进而提高积极结果的可能性。

无论是停车场、入口、建筑间的空间，还是单一的广场，都应该能够传递出对于居民、使用者或其他各类人群的关心和照顾。例如，绿色遮阴的停车场让人们到来的那一刻就感受到生理和情感上的安宁（图 4.1），花池环绕簇拥的明亮的指示牌给人以轻松愉悦感（图 4.2）。

图 4.1　加利福尼亚州圣地亚哥医院的停车场　　图 4.2　加利福尼亚州一家医院入口处的指示牌

4.1.5 增加规划设计后评估与调整

规划设计后评估（POE）能够让相关设计人员考虑设计为什么有成功和失败，能够从过去的经验中汲取教训，并且提高专业水准。任何借助这一评估机制的努力，都是自我充实、改善现存空间和扩充设计知识储备的机会。虽然这会导致整体费用的增加，但相关研究表明，如果在规划阶段的修改花费 1 美元（1 美元约等于人民币 6.87 元），那么等到方案设计阶段再去修改，可能会花费 10 美元，而在实施阶段，这种修改可能要花费 100 美元。而一次公正的、系统性的评估应在项目实施后的 2～3 年进行，通过评估了解环境设计的意向和使用者的需求，以及原始设计目标在实体要素中的偏离程度、植物配植是否合理、空间如何维护等方面内容。

常见的 POE 形式包括指示性评估、调查性评估和诊断性评估（图 4.3）。指示性评估历时较短，几个小时或几天。形式包括访谈或实地观察。更为系统的方式是运用统计学方法，将要素和特性进行评分。三四位未参加项目设计的康复景观领域的专家独立对景观设计进行评估，并将评分进行运算。该方法能够得出设计细节的实施信息，但不能说明空间的利用情况和使用者的意图。对于调查性评估，该方法层次更深，评估标准更为清晰，细节性更强，如遮阴和座椅的设置情况。诊断性评估是三者中最为复杂的，而且耗时最长、花费最大。理想的评估人员是社会学家，他们熟悉康复景观的设计方法，但并未参与具体的设计，通过运用多种方法得出最可信的结果。

评估的要素主要包括以下几个方面：基地环境；区位分析；与设计团队成员进行交谈，记录设计的原始目标、目标的转化程度以及由于预算或其他因素遗漏的部分；与使用者进行交流，获取他们对于空间、设计存在的问题、可达性以及他们想改变的地方等；观察植物健康和管理维护。在进行行为追踪调查时，要充分收集可视性线索，包括观察使用者都做什么、不做什么，甚至座椅旁的烟头、草坪上的入口路径等都是值得注意的线索。而对于绘制行为路线图环节，要系统性地观察每一天中不同时间，不同年龄、性别和角色的使用者活动，进行量化分析；与使用者进行交谈，了解空间使用情况，包括目的、频率、改变意向等，形成使用者场地体验行为规律的整体轮廓。最后将 POE 的评估结果与设计者最初的意图进行对比，从使用频率、使用方式、适用人群等层面进行调整。

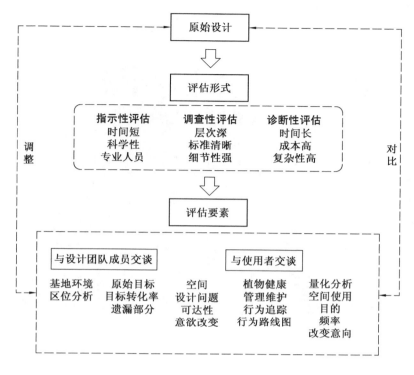

图 4.3　规划设计后评估（POE）示意图

4.2　行为引导的空间结构、形式和布局

4.2.1　空间类型的多样性

　　康复性居住区景观设计必须服务和受益于所有人群，尤其是身体较为脆弱的群体如老年人、认知障碍性群体、儿童等。因此，居住区景观需打造不同类型、具有不同特质的空间环境，使人们在使用空间时具有更多的选择性，能够体验到丰富的空间形式、色彩、肌理及细部。

　　按照规模和围合特征，居住区绿地一般可分为开阔空间、半封闭-半开敞空间（图 4.4）和私密空间 3 个层次。开阔空间如一片大的草坪、平台或一个水面，可用于正式或非正式的群体活动，进行交流和娱乐，场景令人赏心悦目，也有利于景观视线的组织。私密空间能够给使用者以控制感，并且能够提供相关设施，便于社会交流。为一二人设计的较为幽闭或独立的小空间，支持群体活动的交往、健身、游憩空间，以及开阔而便于观察的场地或视廊，为居民提供了不同的感官体验和参与性活动。这些空间可以通过植物、小径或构筑物进行界定，增加可识别性，调节环境氛围。一些无障碍设计的考虑，如完善的座椅和其他服务设施的设置，则保障了残疾人群户外活动，进行社会交流。

图 4.4　半封闭-半开敞空间示意图

在户外空间中，半封闭-半开敞空间给人以一定的安全感，使居民具有更自由的选择权，既可独处，也可参与到公共活动之中。例如，植物和其他景观要素围合的空间、嵌入式的小空间等均是此类活动的较佳地点。边界效应的存在使得小众人群的活动可以通过路径、平台、铺地和植物要素来限定空间，并形成更大的吸引力。空间场地的宽敞与人群使用密度具有同步效应，广场、空旷用地适合广场舞等较大规模的人群活动，道路两侧和广场周边的"凸出凹进"空间则是创造私密的休息空间的优选方法，有利于丰富空间的趣味性和提升吸引力，从而延长居民的逗留时间。

4.2.2　空间形式的合理性

居住区康复景观设计需要在综合考虑场地自然与人文条件的基础上，按照总体的功能分区进行相应的空间形式设计，通过创造宜人的、强化感官体验的、富有吸引力的景观形态，实现增强居民复愈性体验、疾病预防和治疗的康复效果。

首先，应考虑空间的位置、形状、尺度等控制性因素，确定合理的空间结构和特征。不同空间尺度和形式会主导人的不同感受，影响康复活动的开展，并形成主要的认知意象。开阔的环境或幽闭的空间会形成不同的氛围和情态，作用于人的情绪。其次，景观的体验层次、风格和复杂性也影响人的认知体验，产生信赖和积极的心理依恋反应或烦躁、不安、排斥性的情绪。例如，患有阿尔茨海默病的老人喜欢结构简单、特征鲜明的景观，而患有广场恐惧症的人则喜欢遮蔽的狭小环境。不同的空间形式对于不同需求的人群会产生不同的治疗效果。

　　户外空间的尺度是直接影响人们停留时长的重要因素（图 4.5）。空间尺度与使用者的心理与行为模式密切相关，空旷使人茫然，不利于医疗环境中患者情绪的安定；相反，过于狭窄的空间会使人产生压抑与局促感，或难以进行相应的活动。适宜的环境尺度体现了人性化价值（图 4.6 和图 4.7），使人感到欢快、清晰、明朗，满足人们对于环境安全度和舒适性的基本需求，延长使用者的停留时间，促进健身康复活动以及人与人的交往、交流活动。因此，居住区康复景观设计应力求形式、尺度的宜人性，既适于场地的自然条件和人工设施的布局要求，又能体现出康复景观的独特要求和内涵，塑造多样的空间形式和主题，建立亲切温馨的人性化活动场所。

图 4.5　可自由活动的开放空间示意图

图 4.6　舒适的停留空间示意图

图 4.7　适宜停留的私密空间示意图

4.2.3　空间要素的适宜性

康复景观场地中的植物要素、水景与园林设施、公共艺术品等，都会进一步塑造环境景观。按照康复景观理念，具有自然野趣、新奇性、拓展性和兼容性的景观能够使人身心愉快，提高定向注意力，减轻压力。居住区景观设计应该努力营造出这些复愈性的特征，使居民更好地放松身心和恢复精力，从而通过户外活动自发地获得或经过专业治疗师的引导达到恢复健康的效果。

这些景观要素通过其造型、色彩、气味与肌理作用于人的感官，通过视觉、听觉、嗅觉、味觉和触觉五感体验形成关于空间景观总的认知轮廓，进而升华为关于空间品质的意象。人们在审美取向上的差异性也影响到空间设计形式组成和要素选择。那些新奇少见、鲜艳夺目的花朵以及清澈荡漾的水体往往具有优势的吸引力，而成为复愈性环境塑造的主角。要素的枝干和肌理往往也具有较高的应用价值，如草地风毛菊（别称羊耳朵、兔尾草），其毛茸茸的形态和柔顺的触感就如动物的皮毛一样而惹人喜爱，成为国外康复花园喜爱种植的品种，种植在自闭症儿童和视力下降老年人群的专门治疗区域。

4.2.4　空间场地与行为的匹配性

在居住区康复景观设计中，空间场地与人的需求契合度关系到其是否具有足够的吸引力，符合使用者的心理预期。由于居住区居民的身体状况和健康需求具有差异性，因此，针对不同年龄段人群，应体现相应的设计考虑。

儿童群体的空间设计应秉承"功能可视化"或"趣味性"原则，尽可能提供游戏、探索与发现的机会。一块石头对于儿童来说可以倚靠、攀爬、触摸或兜圈；沙堆可以进行平躺、挖掘、填埋或堆砌的活动。关于儿童活动空间，研究表明使用频率和吸引儿童设施的可用性之间成正比。成年人对于空间的关注在于这个空间的样子，而儿童更倾向于"我在这里能够做什么"。例如，植物种类丰富的花床和石头台阶有利于鼓励儿童的探索精神（图4.8）。

图4.8　美国圣路易斯儿童医院的奥尔森家庭花园

老年群体的空间设计，首要一点应保证无障碍设计，确保安全性。而且场地布置应位于相对明显的地方，可达性和连通性较好，避免迂回的路径。除了用于集体活动的较为开敞的空间外，应避免空间尺度过大，而导致缺乏限定和形式感，或是引起精神上的紧张，造成失落感，产生恐惧心理，尤其是设施不足和遮阴不到位而引起身体上的不适。适应于老年人需求的私密和半私密空间，应注意各种要素的和谐统一，避免过于抽象性的事物而令人难以理解。另外，老年群体使用的空间还应考虑入口、道路、扶手、台阶、斜坡等要素的配置，设计应该具有足够的灵活性，并能够随着时间的推移便于调整和更改。由于老龄化趋势的加剧，居住区绿地空间的设施需要进行调整，以适应不同年龄段老人的日常健康、休闲活动。

4.2.5　营造不同情感的空间氛围

人们对来自环境的刺激有敏感的反馈，既有来自感官的直觉反应，也有情绪上的共鸣。不同的空间形式和表情可以引发使用者不同的情绪反应，进而间接影响人的生理健康。因此，空间形态的塑造所产生的情感上的投射可以很好地应用于康复景观设计，提高这类空间的使用效果。这可以是一个功能明确的空间环境，也可以是一处绝佳的景致，无论什么形式和细部，只要遵循艺术审美的普遍规律，符合使用者的需求和行为习惯，都可以成为康复景观的积极组成部分。

例如，针对儿童使用的空间，通过各种要素的巧妙搭配，可以营造欢快的、鼓励运动的空间效果（图 4.9）。儿童空间的氛围要温馨舒适、活泼可爱，空间形式适宜多用曲线的线条和界面，景观要素应该是儿童熟悉的事物，如动植物、昆虫或是小鸟，避免晦涩难解、过于抽象的艺术元素。在儿童的游戏场地可以利用地形的起伏，制造波浪形的柔软草坪，让儿童尽情地奔跑和跳跃。不同于日常生活街道、广

图 4.9　儿童与植物之间的交流

场等建成环境多数是平整、规则的几何形式，绿地空间呈现了更加自然的多样变化，这种活泼、随意的氛围会鼓励儿童去探索或运动，有利于其活动量的增加，达到强身益体的作用。铺装和道路设计的艺术性和趣味性也可以渲染空间的氛围，形成空间功能的主导性。例如，一条道路可能通向神秘的或是具有特色的地方；而游戏设施的多样性和新奇性，如

爬行的隧道、格架，拱形的小桥及其他各异的空间，都可以创造放松、游戏的氛围，使之成为儿童向往的乐园。特定指向的场地布局，如用于实施园艺疗法的治疗性花园中的平面或垂直的种植床设置，可以强烈地暗示场地服务功能和目的，易于使用者专心于种植活动，体验治疗活动带给自己身心健康的变化。

在居住区中，空间氛围的形成和打造可以通过边界的限定和围合，以及细部材质的表现和色彩烘托来实现。把一系列自然元素或设施围绕某一相对固定的场地，形成具有向心性的空间。围合空间的边界可以通过植物、地形、道路等加以限定，使空间形成较强的聚合感，增加社区公共交往的环境氛围。边界的形式采用较高的植物进行遮挡，可以形成安静或私密性较高的场所，利用地形、水体等要素进一步限定划分，从而形成不同氛围和情调的空间（图 4.10）。此外，能够体现使用者特殊生理和心理需求的设计，也可以创造出富有强烈专属性的空间类型，如冥想步道和冥想花园。在日本的一些冥想步道中，道路两侧采用了较高的植物进行遮挡，与周边的空间进行隔绝，为人们提供步行空间的同时，更促使人们产生精神上的沉思和内省。

良好的空间氛围可以鼓励、促进社会交往的产生。康复性居住区一个突出的特点就是促进人与自然及人与人之间的交流，而对于后一种情况，其在增加社会和谐、提高社区融合度、消除自我的隔离感和孤僻等方面，有着改善身心健康的积极效果（图 4.11）。

图 4.10　美国约瑟夫纪念医院通过触觉和　　　图 4.11　鼓励交往空间示意图
　　　　　视觉给予回忆的空间

4.3　康体活动的引导和组织

4.3.1　园艺疗法的应用与推广

　　园艺疗法是通过与植物相关的活动，实现预期的、与治愈相关的目的。早在 19 世纪中期，园艺疗法已有雏形。1973 年，在美国国家健康委员会领导下，成立了园艺疗法协会，园艺疗法逐渐在全美医疗机构、养老机构、身心健康治疗中心、学校、社区兴盛起来，并且建立了注册认证制度，由专业人员对应用人群进行治疗和指导。

　　而康复性居住区中，园艺疗法特指居民在与植物相关的活动中，如种植、维护和艺术创作等活动，通过自身的参与以及居民之间的交流，促进身体、心理和社会 3 个层面的健康复愈需求。园艺疗法的形式较多，针对人群广泛，主要为各类园艺种植活动，强化复愈体验。在欧美国家，园艺疗法的服务对象不仅包括患病人群，还包括现代社会中的亚健康人群。多体现为以视觉刺激为主，同时调动嗅觉、味觉和触觉等感官体验媒介，如花草、果实以及植物吊床、吊篮等，提供有效的感官刺激和注意力唤醒，达到调整情绪、获得心理上的支持、增进生理机能的目的，还加强了人们对自我能力的重新认识。同时，园艺疗法植物种类应选择生长快速、易于管理，且对生长环境要求不高的品种。此外，要特别注意无障碍设计的应用，使得各类人群在从事园艺种植活动时不受限制，如坐轮椅的病人对于花坛等高度要高于普通人、种植场地要保障残疾人群的可达性等。

4.3.2　多重要素的协同调动

　　康复性居住区景观设计的主题是健康与复愈，虽然植物、水体、小品等各个要素都要实现各自功能的匹配性，但这些要素并不是独立的，而是作为一个整体，均以健康促进为目标联系在一起，共同构建健康服务空间（图 4.12）。绿地功能的指向应体现对居民户外活动的安全保障，积极正向的引导，生理、心理、情感和社会等层面的舒适与和谐。所有要素保持整体的和谐性和一致性，才能够延长使用者的停留时间，促成更多的体验。例如，一处狭小的半私密的空间，植物选择要避免过于刺眼的颜色和过于浓烈的芳香，座椅设置要考虑使用人数和交流方式，小品体量适度，力求塑造适合散步或是坐下来休息的空间，让使用者有温馨和安稳感，并且对于空间拥有一种控制力，进而获得与植物、同伴亲密的空间场所和交流氛围，从而引发身心良性的刺激和共鸣，有利于身心健康的修复。诸如精致优美的植物、水体、铺装、道路、座椅等要素或景观，会给人以丰富的感官体验、空间感和控制感，为居民带来逃离日常嘈杂、烦恼的人工生活环境的感觉，回归自然的清新和宁静。

康复性居住区景观规划设计中，较为强调的一项内容是遮阴，以确保使用者能够尽可能地享受私密的感受和适宜的温湿度（图 4.13），从而在不同季节、不同时段促成与邻里的交流。在炎热的夏天，阴凉的空间会受到居民的欢迎，能够延长居民的停留时间。树木是主要的遮阴媒介，但在不同的绿地环境中，具体的遮阴面积会因树种不同而产生不同的树冠形态和遮阴效果。其他的遮阴构筑物，包括可移动的遮阳伞、软质或硬质的圆顶、帆船状构筑物、门廊、露台、凉亭、格架等，都可以设计用作潜在的遮阴元素；对于视力不佳或感官处理障碍人群，空中的遮蔽物可以避免炫光刺激，而地上的阴影图案有助于提高视力和认知能力。

图 4.12　美国的安妮花园

图 4.13　架空构筑物具有遮阴和康复作用

4.3.3　疗愈活动的组织和实施

居住区康复景观环境设计不仅要关注形式美学的问题，还要看重人群的参与性以及园艺疗法等复愈活动的组织和实施。一方面涉及景观设计的适宜性和多样性，通过专业、有效的设计手法，赋予绿地景观独特的五感体验效果；另一方面，对于居民复愈活动的组织和引导更为重要，因为主动性的自然干预可以更大程度地调动参与者的身心投入，从而产生更为积极的效果。除了强调景观设计的视觉效果、互动体验感受以及专门的康复医疗项目外，居住区康复景观规划设计还应强调场地空间匹配各种自然干预康健活动的要求，提供足够的空间和设施，有利于这些活动的组织和实施。上述活动中，园艺疗法是长久以来在国外得到普遍认同和完善的形式，在近半个世纪的发展中，建立了标准化和固定化流程，并得到医疗、养老机构的循证支持。随着人们对于自然干预方法的关注和挖掘，这一类健康促进活动的形式将进一步得以研究拓展。

要推进以健康为目标的园艺疗法活动，居住区绿地的设计团队应该明确居民的意愿、行为习惯和健康需求，尽可能在设计中支持这种需求，同时符合居住区绿地的自身条件，克服各种限制。居住区作为城市居民生活的主要场所，能够为各类人群提供与自然接近、联系的机会，提供各种健身益智、减压宁神的空间和平台。这些新的功能和目标是传统居住区规划所忽视和欠缺的，因此，居住区的康复景观设计要重新考虑绿地自然要素和人工要素的组织和配置方法、原则，以保证健康服务功能的成功植入和健康促进活动的展开。

例如，空间尺度的把握、景观元素的选择、景观形式的塑造以及场地设施的布置，都要考虑是否符合复愈性环境的要求。具体的活动内容安排可以是增强体质、训练运动协调能力的园艺活动，也可以选择与植物等自然要素相关的艺术创作，如在秋天利用植物的落叶进行拼画、插花和压花等活动（图 4.14）。这些都可以在传统园艺活动的基础上，创造更为丰富的形式和内容，以吸引不同年龄段的人群参与，从而在不同层面满足使用者生理、心理和社会层面的需求，推动对自然要素的康复性利用。而越了解使用者的情况，就越能够利用有限的资源，达到康复效益的最大化。

图 4.14 利用植物树叶进行活动

4.4 康复效用植物的选择与优化

植物是康复性居住区景观设计中最为重要的一个元素。植物的选择和匹配除了满足传统的功能性和美观性，更应成为一种刺激要素，为使用者提供释放、记忆承载以及参与等感觉。例如，在园艺疗法中，植物为使用者提供了生理康复和参与社会活动的机会，体现了使用者的照料和培育行为。

4.4.1 不同类型空间的植物配植

植物的选择和配植对于不同人群使用的空间都有其特殊的要求，以下着重对儿童和老年人使用的空间列举说明。

1. 儿童群体使用的空间

（1）避免有毒或者有伤害性的植物。例如，绣球花可能作为背景性的灌木丛，但它们不宜与儿童直接接触，因为其叶子中含有氰化氢糖苷，如果食用可引起呕吐等严重症状，尤其是对于活泼易动的儿童。

（2）确保每一棵植物都有它的目的。创造"修建式"野生自然环境（图4.15和图4.16），鼓励花园中野生物种的存在，并指引儿童及其家长更多地接触自然。儿童能够在与自然的接触中通过感官体验，与实体的自然环境进行接触。植物的设计应该能够吸引儿童的注意力并赋予多样的感官体验。例如，一些不寻常的物种，植物可标记为"恐龙食物""我很柔软，摸摸我""我是薰衣草，闻闻我"，或者植物的种子可以玩耍。栽种多花的植物，鼓励儿童观察、关注植物的生长变化，进而获得有益的知识经验。

图4.15　儿童活动空间植物搭配示意图　　　　图4.16　开放活动空间植物搭配示意图

2. 老年群体使用的空间

（1）确保植物的全年不间断性。居住区居民由于年龄、身体状况或是天气的原因，直接的户外环境，即居住区环境，是他们能够看见和体验的整个自然世界。据相关组织统计，人们在植物种类丰富的户外空间的停留时间比在植物种类较少的户外空间的停留时间平均一周多3.5小时。

（2）强调开花植物或者叶片颜色为饱和颜色，如红色、黄色或者橘色。因为老年人，特别是患有白内障的老年人容易将蓝色或薰衣草类的花色认为是灰色。

（3）尽量压缩植物群体量，尤其是入口处，因为老年人行动多有不便。

（4）强调颜色和纹理复杂的植物在眼睛水平线或者以下，因为老年人走路有半驼背趋向。

（5）植物的高度设置应根据传统的设置标准进行调整。老年人的移动速度较慢，应确保缓慢移动的视觉体验，或是坐轮椅的老人接触植物的高度与常人不同。

（6）增加芳香类植物。嗅觉是保持度最长的感觉，种植居民喜爱的芳香类植物具有怀旧价值，能够引起居民美好的回忆。

（7）种植长熟植物。长熟植物给人以长寿的象征意义。相关研究指出，人们在树木环境中寿命更长。

4.4.2　五感导向的植物群落设计

感觉是认识活动的开端，让人们获悉实体事物的属性以及身体内在的状况，同时作为意识和心理活动的依据，承担着人脑与外部环境搭建的桥梁。在康复性居住区景观设计中，五感作为植物群落性设计的一个重要导向，力争给使用者带来美好的感受，进而使其身心愉悦，达到康体益身的作用，对构建康复性居住区环境极具意义。目前，植物五感的研究主要集中在视觉、嗅觉和声觉。

1. 视景观

视景观主要针对植物的视觉效果，此为观赏性植物群落，主要针对植物的色彩和形态对人产生的影响。通过植物的艺术配植，乔、冠、草结合的植物地被，注重植物的颜色、形态等对人产生不同的心理刺激。遵循风景美学原理，经过科学合理的设计和布局，在不损害植物自身生长的前提下，关注形态、色彩、花期和季相变化等，力争实现生态、艺术和社会层面的美感，展示出多层次、复杂化的植物群落。基于不同色彩、姿态配植的植物群落通过对患者视觉、触觉等多种刺激，使患者在观赏景色的同时达到对生理、心理和社会维度的治疗效果。

2. 香景观

香景观目前主要指芳香疗法，即利用精油或植物散发出来的各种芳香等物质，来刺激、调节人体的相关机体功能，影响人的心跳、消化及情绪，在机体及精神调节方面达到提升免疫力、消除抑郁焦虑的功效，从而实现对人的康复功效。在具体操作中应注意花香浓度、种植布局、界面围合以及作用时间等层面。芳香不是对每一类人群都具有正向的作用，如鼻炎患者，可能会引起身体不适。因此在芳香性植物的周围应设立相关的指示牌，既起到提醒作用，又可作为引起人们社会交流的又一个要素（图 4.17）。

图 4.17　芳香植物为人们交流提供机遇

3. 声景观

声景观主要针对听觉，指通过叶片之间随风或独自摆动，或相互之间产生摩擦以及与其他园林要素一起所构成的音乐。声景观并未完全针对植物本身，但是植物的选择在声景观中占有重要的地位。例如某些植物在风的作用下，会发出如松涛的声音，或者"雨打芭蕉"都是声景观的体现。声景观区别于其他景观，能以独一无二的方式与人们的心境和情绪相关联。

4.4.3　保健型的植物群落配植

保健型植物群落的配植要素是具有保健性质的植物，通过构建符合自然的生态结构，将植物的挥发物和分泌物作为核心要素，最终实现使用者养生、康体等目的。保健型植物群落的载体众多，如银杏类、松柏类等植物群落。例如，每天锻炼时面对松林呼吸，会起到祛风除湿、舒筋通络的作用，对于治疗关节痛、肌肉痉挛等疾病有一定的助益。这是因为松树所挥发的胡萝卜素、维生素、松油脂及含 α 茨烯的挥发油能够疏通经络，使得经脉气血循环旺盛，从而起到辅助治疗的作用。例如，树木所散发出的负氧离子，具有镇静、催眠、增进食欲、降低血压、改善心脏功能及提高抗病能力、增加血钙含量的作用。丰富的植物挥发性气体和物质还具有杀菌作用。因此，设计保健型的植物群落对于居住区康复景观的营造是非常必要的。

4.5　实例探索

4.5.1　基地现状

1. 现状概述

本章研究的居住小区位于哈尔滨市香坊区，交通便利，占地面积 16 公顷，L 形的用地，几排 27 层左右的高层以行列式和围合式的布局将小区分割成几个长条形绿地和块状绿地，绿化率达 41%。小区内部包含餐馆、幼儿园、商店等。周边配套设施完备，属于成熟型居住区，居住人群覆盖了各个年龄段。

2. 绿地格局与景观特征

居住小区绿地类型较为丰富，包括公共绿地、组团绿地、宅旁绿地、配套公建所属绿地等类型。由于主要由几列长条形空间组成，视线通透，连通性较好。不足之处是绿地过于狭长，对于空间的限定和景观特色的营造提出了挑战。

（1）空间识别性和连续性。现存的小区绿地以场地开发前的原有树木为主体，形成延伸的宅旁绿地，面积较大，广场中有相隔较远的树池，点缀于大片的硬质铺装之中，显得分散。植物元素较为单一，空间相似度较高，空间识别感较弱，这些特征形成康复景观设计的起始背景，制约因素较少，为改造提供了进一步发挥的余地和切入点，以形成不同的区域、景观序列和空间层次（图 4.18）。

图 4.18　居住小区一隅

（2）植被配植和视景处理。植物配植普遍为常见的乔木和灌木，草本地被较少，植物配植结构较为单一，形成简单的韵律，视线通透，景观形式尚未进行进一步细致的刻画和相应的季相变化考虑，可以通过塑造视觉性体验的焦点，增加植物景观的生动效果与新奇性。广场中的花坛、树池抬高设置，加强了对植物的保护（图4.19）。

图 4.19　居住小区植物景观现状

（3）水体设计和其他要素。小区规划了一些蜿蜒的水渠和水池等水景观设施，池底大多数为硬质铺装，未见生态驳岸和挺水植物，可以通过增加植物配植和安置休息座椅、栈桥等设施，将其改造为观赏复愈空间，发挥健康促进的功效。夜景照明灯具和必要的防护设施，有助于提高环境空间使用上的安全性和适宜性（图4.20）。

图 4.20　居住小区水体现状

（4）设施规划与细部设计。广场绿地配置了一些基本的体育活动和休息设施，但场地安排和配套设计仍需进一步加强，可以通过小品和植物景观增添环境的趣味性和人文氛围，承载丰富的社区活动，也可以通过设置功能性的园艺设施，为居民提供更为有效的疗愈活动。

小区整体景观的细部设计具有较大的提升空间，可以结合康复景观的观赏与实操流程，进行精细化设计，提高景观的复愈性效果。例如，借助遮阴或遮风的设施设置增添休憩空间的舒适性，通过细沙、砾石等可渗式地面的处理，实现生态与自然情趣的一体化设计（图 4.21）。

图 4.21　居住小区景观绿地的细部处理

总的来说，居住小区的绿地整体规划及结构依据周边道路结构、建筑走势和边界特征而定，简约中略现代，场地略显空旷，初步形成景观格局，有进一步塑造的潜力。

3. 居民需求分析

由于小区人口构成丰富，需要考虑不同年龄段与身体条件的人群需要，主要涉及：

（1）老年人群户外日光浴、休息、健身、交谈等活动。

（2）不同年龄儿童玩耍、游戏及进行自然学习的需要。

（3）为成年人设置的开放式和私密式交谈的空间角落和场所设计。

（4）适合小众群体短时间停留与活动的半私密-半公共空间。

（5）能够支持冥想、反思等身心放松、减压的个体私密空间。

4.5.2　规划设计调整和升级策略

1. 设计主旨定位

本方案的设计主旨是为城市居民提供一个美轮美奂的景观空间，让居民在花园中休息，或者从窗前俯瞰、眺望时能感受到景观空间的细微与独特性，并赋予景观空间多重的复愈功能，不仅给居民带来生理上的健康效益，更包含心理层面及社会层面的健康效益，这正是康复景观自身所固有的禀赋和功能。

2. 功能分区和空间布局

居住区是城市空间不可或缺的细胞单元，其绿地景观是城市绿地系统的重要子系统。居住区的绿地景观规划布局上通城市空间层次，下达最贴近居民的住宅环境空间。

基于充分调研考察，以使用者的特点、行为模式以及多类需求为导向，最大化满足不同人群的生理、心理和社会需求。结合人群特点和行为模式，确定六个分区及一条环形冥想步道：湖边漫步空间、休憩交流空间、儿童游憩空间、运动健身空间、园艺种植空间以及自由主题空间。环形冥想步道将各个分区进行串联，保证各空间相互的关联性，带动整个小区的活力（图4.22）。

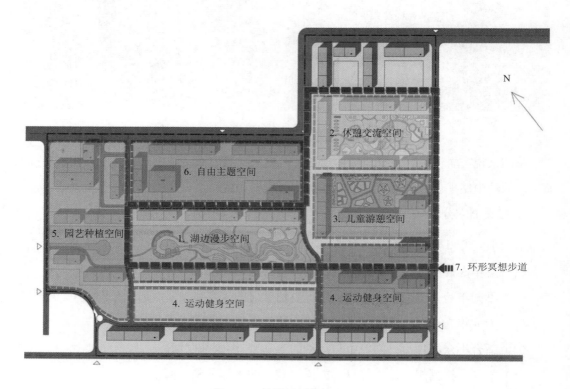

图 4.22　基地规划功能分区

（1）湖边漫步空间。原基地有一条水系，这在北方不常见，因此也非常珍贵。建议丰富原有水系周边的植被和装饰要素，解决原有水体的季节不连贯性问题，进一步加强居民亲水程度，并设置多种水体形式，加强对使用者的感官刺激（图4.23）。

（2）休憩交流空间。该空间为半私密和私密空间，通过木平台铺装、造型花架、可移动的时令花卉花盆和可移动的座椅等要素，灵活满足不同需求活动空间，同时可设置树叶造型的休息凉亭为使用者遮阴，树叶造型与周围环境得以很好地融合。该空间适合小组人群的活动，如下棋、读书等。同时，在更小范围内能够保证使用者对整体环境的可控制性，满足使用者的私密性（图 4.24）。

图 4.23　湖边空间营造参考意向图　　　　　图 4.24　美国唐·艾伦纪念花园

（3）儿童游憩空间。专门针对儿童开辟一处游憩空间。儿童思维活跃，对任何事物充满幻想，而且感官性较强，对新鲜事物比较敏感，尤其是趣味性的事物，更能吸引儿童注意力。此外空间在颜色、造型、声音环境、肢体触感等方面着重考虑儿童的心理特点，搭建内心和外部环境的联系，通过多重的感官体验，提供生理锻炼和心理引导的活动场所（图 4.25）。

（4）运动健身空间。这一空间主要为健身器材区域，小区原有健身器材的设置较为分散，并且缺少后期维护，周边存在安全隐患，也不方便使用。为满足使用者健身锻炼的需要，可将这一空间进一步完善整合，形成较为集中的区域，重新布置。通过合理种植与周边休憩等区域进行较好的隔离，国外的儿童医院有很多成功的实例（图 4.26）。

（5）园艺种植空间。包括园艺种植区域和植物观赏园。通过嗅觉、触觉、视觉等多种感官刺激实现与使用者的交流互动。园艺种植区域为使用者开辟花圃、菜园、菜地等，鼓励居民参与劳动，在劳动过程中可以改善自身身体机能和愉悦身心，还能与其他参与者交流互动。植物可选用芳香保健类植物，如桂花、栀子花等。此外，定期举办园艺活动，如春季种花、夏季赏花、秋季也可利用植物叶子等要素组织活动，同时要保证季节的连续性（图 4.27）。

图 4.25　可触摸的儿童空间　　　　图 4.26　美国路易斯儿童医院

图 4.27　各种园艺活动形式及成果

（6）自由主题空间。该空间位于小区的主入口，因小区车流量较大，所以该空间建议作为自由类广场，宜举办各类文娱活动、展示等，提升整个社区的精神文化生活，加强整个社区的团结性。

（7）环形冥想步道。步道贯穿整个小区，可连接各个分区，激发整个小区的活力。各年龄段群体都可受益，在日常步行的空间满足舒展身心、放松自我的需求。

4.5.3　重点区域设计

1. 地块 1 改造策略

（1）设计主旨。地块 1 为整个小区的中心绿地，人流量相对较多，并包含水系。因此该地针对的是各年龄段人群，力争通过景观要素的规划设计，延长人们的停留时间，注重人们对周围环境的关注和投入，通过感官体验为人们提供一处令人愉悦、放松、减压的空间（图 4.28）。

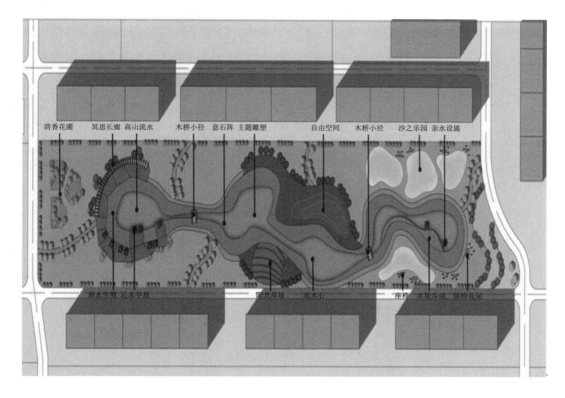

图 4.28　地块 1 景观设计平面图

（2）设计创新。"动""静"结合的空间配置；不同类别使用人群分流引导；空间的多样性；空间"动"到"静"的过渡。此处空间规划从西部的静态活动到东部的动态活动，以满足不同人群的需求（图 4.29 和图 4.30）。

（3）水体。规划丰富池底铺装，可增加鹅卵石装饰；西部水岸规划设置遮阴的休憩装置，形成相对私密的场所；东部水体空间规划增加互动设施，如动物造型的可转动儿童玩水装置；规划水池中加入假山等人造景观，利用石头的不同特性，改变水体的形态和声音，加强视觉冲击以及给人带来的感受，丰富感官体验。

（4）植物。规划提升乔木比例，扩大草坪的面积。注意不同空间内乔木、灌木和地被类植物的搭配比例。

（5）铺装。规划减少硬质铺装，加大自然性铺装比例，如可改为自然的沙地或自然的土质和小石头的混合均可。

（6）其他。规划水上小桥；设置亲水平台装置，在水中规划一处玩耍区域，将水体使用程度最大化，提升该处空间活力。

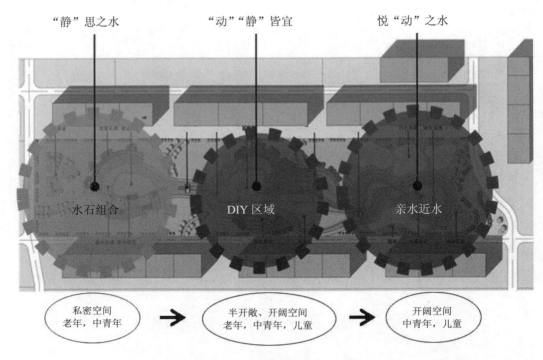

图 4.29 地块 1 景观设计要点示意图

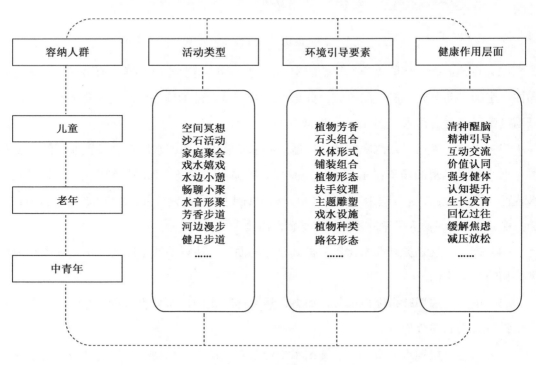

图 4.30 地块 1 环境要素作用分析图

2. 地块 2 改造策略

（1）设计主旨。该地块靠近出口，面积较大，因此该地块的设计强调半动态的活动，主要针对人群是老年人和中青年人。 在满足强身健体的疗养功效之余，更注重"心"层面的感受与反馈（图 4.31）。

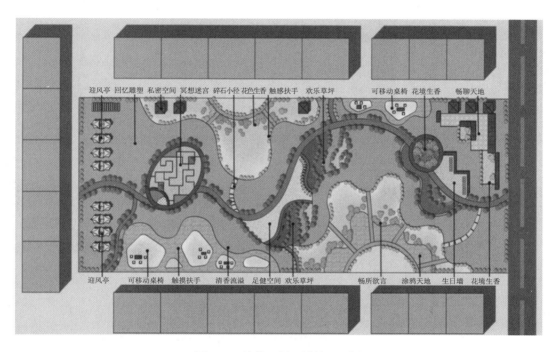

图 4.31　地块 2 景观设计平面图

（2）设计创新。将空间进行动与静的划分，打造开敞、半封闭和封闭的空间，在不同的空间注意景观要素的搭配，满足不同人群的需求，通过不同的感官刺激，达到对人体的多重受益（图 4.32）。

（3）冥想迷宫。在西侧空间规划一处螺旋状花岗石材质的迷宫，能够刺激人们的精神和生理层面，可作为训练的场所或是步行的冥想场所。周边有植物遮挡，确保隐私，配有说明牌讲解如何使用。

（4）植物。丰富植物的颜色、形状和纹理，相互对比能带来缤纷且宁静的美感。西侧空间可增大乔木比例，减少灌木比例，保证视廊通透；东侧区域以灌木、藤本、花卉等植物为主，打造安全私密的空间，避免会引起不适的、香气过重的植物。

（5）铺装。迷宫可采用硬质铺装，利用铺装颜色勾画出步道。东侧的铺装可部分采用软质铺装，注意防滑。

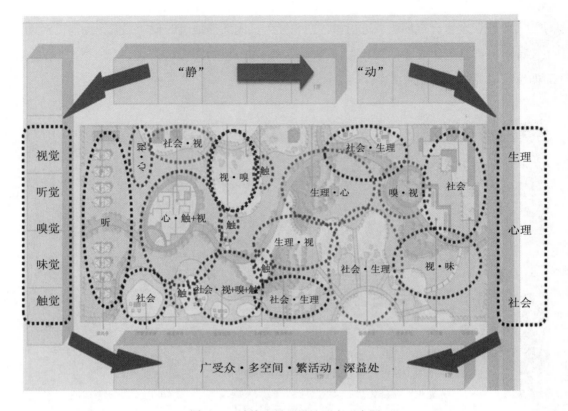

图 4.32　地块 2 景观设计要点示意图

（6）休憩设施。在两侧区域适度规划几处长廊，为人们提供躲避骄阳的场所。丰富原有座椅的形式、材质，并注意座椅的排布方式和距离，满足单人、多人和群体沟通的需求。可将迷宫区域座椅进行圈形布置。座椅对向摆放和围绕在植物中可分散在该空间的其他区域，考虑无障碍设计。

（7）其他。在西侧和东侧规划构筑物，如张拉膜等结构，阻挡风力，提高舒适性；规划一些具有视线聚焦效果的雕塑，调节环境氛围。

3. 地块 3 改造策略

（1）设计主旨。该地块主要针对对象为儿童，满足儿童静态及半动态活动的需求。规划将整个区域基于三个年龄段进行空间划分：2 岁及以下，3～5 岁，6～12 岁。多个小空间可满足不同年龄段儿童的需求（图 4.33）。

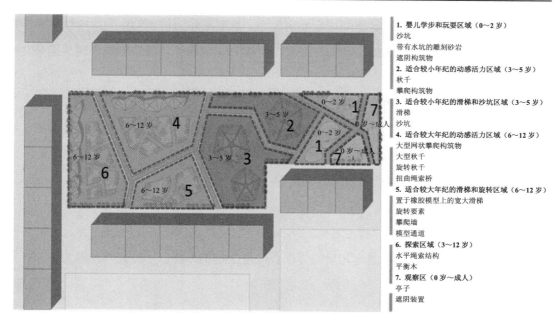

1. **婴儿学步和玩耍区域（0~2 岁）**
沙坑
带有水坑的雕刻砂岩
遮阴构筑物
2. **适合较小年纪的动感活力区域（3~5 岁）**
秋千
攀爬构筑物
3. **适合较小年纪的滑梯和沙坑区域（3~5 岁）**
滑梯
沙坑
4. **适合较大年纪的动感活力区域（6~12 岁）**
大型网状攀爬构筑物
大型秋千
旋转秋千
扭曲绳索桥
5. **适合较大年纪的滑梯和旋转区域（6~12 岁）**
置于橡胶模型上的宽大滑梯
旋转要素
攀爬墙
模型通道
6. **探索区域（3~12 岁）**
水平绳索结构
平衡木
7. **观察区（0 岁~成人）**
亭子
遮阴装置

图 4.33　地块 3 景观设计平面图

（2）设计创新。根据不同年龄段儿童特点进行划分，实现儿童与景观要素之间的互动和互益（图 4.34）。

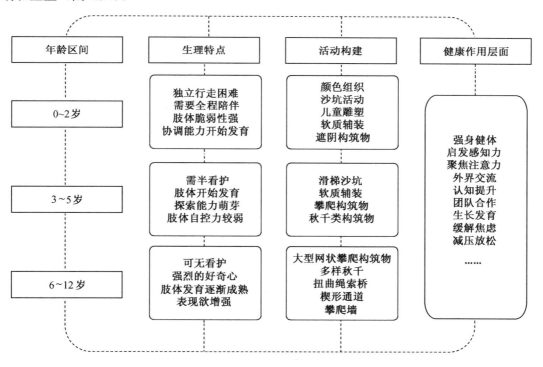

图 4.34　地块 3 环境要素作用分析图

（3）2岁及以下空间。该空间面积相对较小，观察可作为规划的主题。规划内容包括沙坑、颜色亮丽的小雕塑（如小动物造型）以及遮阴构筑物等。铺装主要为软质铺装。

（4）3～5岁空间。该空间为过渡区域。可通过地形调动互动积极性。规划可进行互动的设施，如滑梯、秋千等。铺装可为沙地。

（5）6～12岁空间。该空间主要为动态活动空间。规划具有挑战性、探索性设施，如平衡木、攀岩、丛林探索类活动。

（6）植物。避免有毒植物和针刺类植物。空间周边规划种植花卉类植物，以便与人行道隔开，保证儿童的安全。

（7）铺装。选择软质铺装，避免硬质铺装，选用颜色鲜艳并加以可爱的具象铺装图形，启发儿童色彩感知力，满足儿童该阶段心理特性及年龄特征，提高其注意力。

4.6 本章小结

传统居住区景观设计更多地关注绿地系统的生态功能、美学价值与社会服务效益，而忽视了对健康服务功能的挖掘和强化。因此，在公共健康视角下，结合居住区各级绿地进行康复景观设计，需要针对不同居民群体的健康需求，合理规划空间结构，划分不同的功能分区，并将康复景观的原理深入应用于场地设计中，通过植物景观和水景等其他辅助要素，一同打造新奇的美学特征和实操的环境，以此赋予空间环境复愈性功效。

综合考虑不同人群的复杂健康需求，居住区康复景观不可避免地成为一种复合功能的景观设计形式，同时要考虑空间类型的多样性、空间形式的合理性以及空间要素的适宜性，尽可能满足不同人群多样化的选择偏好，保障环境景观促成复愈性体验，并通过场地组织和专门的植物设计，为居民提供园艺实操的场地、设施和素材。这种专业性的要求也提示我们，康复景观设计必须要将人的行为特征和心理需求作为关注的核心内容，进行针对性设计，并通过科学评估的手段来确保健康促进目标的真正实现。

居住区康复景观设计的策略，无论是新建的小区还是旧小区改造，都应站在使用者的角度，通过循证设计达到真正的健康服务目标，以可实施性和实用性为原则，以低成本、可持续性为宗旨，促进健康人居环境的生态宜居建设。

附　　录

居住区绿地调查问卷

居民您好：　　　　　　　　　　　　　　　　　　　　问卷编号：

我们是哈尔滨工业大学风景园林专业的研究生，正在对居住区绿地景观做相关的调查研究，烦请您帮助完成以下调研内容。谢谢！

性别	□男		□女	
年龄段	□儿童	□青年	□中年	□老年
家庭人口	□一二人	□三四人	□五六人	□七八人
身体状况	□心脑血管疾病等 慢性病	□肢体行动不 便等困扰	□孤寂忧郁等 心理困扰	□记忆力衰退等 精神困扰

1. 使用频率：

　　A. 经常　　　　　　　B. 有时　　　　　C. 很少　　　　　D. 几乎不去

2. 每天总逗留时间：

　　A. 0～60分钟　　　　B. 1～3小时　　　C. 3～5小时　　　D. 5小时以上

3. 参观居住区绿地的原因（可多选）：

　　A. 减轻疾病困扰　　B. 锻炼身体　　　C. 放松，缓解压力　D. 呼吸新鲜空气

　　E. 摆脱孤独　　　　F. 展示自我，寻求认同

4. 在居住区绿地中的活动类型（可多选）：

　　A. 集体动态活动（如广场舞等）　　　　B. 群聚性活动（如下棋、健身器材等）

　　C. 静态活动（如林荫乘凉、聊天、独自散步等）　　D. 其他_____

5. 居住区绿地中的主要活动场地（可多选）：

　　A. 开敞空间（如广场等）B. 半私密空间（如植物半围合，能够打牌，交流的区域）

　　C. 私密的空间（植物围合性高，比较隐蔽的，如林间小路等）D. 其他_____

6. 参观居住区绿地后的心情变化（可多选）：

    A. 平静、放松，压力减轻   B. 精神焕发、体力增强

    C. 心态愉悦，积极向上   D. 逻辑思维能力加强

7. 居住区绿地中最喜爱的方面（可多选）：

    A. 植物形态色彩   B. 植物叶片声响

    C. 植物芳香   D. 艺术作品（雕塑、亭子、花架、座椅等设施）

    E. 水景   F. 新鲜的空气

8. 请您为所在居住区下述要素的满意度选出相应的分值段，总分为 10 分。

要素	1~3 分	4~6 分	7~10 分
植物的外部形态			
植物的色彩			
水体			
铺装的舒适度			
雕塑的视感和触感			
座椅的质感和形式			
无障碍设施			

9. 对居住区绿地未来的建议（可多选）：

    A. 增加冠大荫浓的树木   B. 增加有果实的植物

    C. 增加有香味的灌木   D. 丰富花色、花形

    E. 增加开花漂亮的植物   F. 增加半封闭个人空间

    G. 增加水景   H. 增加便利设施

    I. 优化道路铺装   J. 其他_____

10. 您喜欢参加社区举办的公共活动吗？

    A. 喜欢   B. 一般   C. 不喜欢

    如喜欢，您喜欢参与的活动有（可多选）：

    A. 都市农园体验活动   B. 园艺知识普及与宣传

    C. 微型花园设计大赛   D. 创意景观设计

    E. 其他_____

11. 您喜欢参加社区举办的以家庭为单位的小区农园活动和花卉种植比赛吗？

    A. 喜欢   B. 一般   C. 不喜欢

附录 2 居住区康复景观适用植物名录

居住区康复景观适用植物名录（乔木类）见附表 1，居住区康复景观适用植物名录（灌木类）见附表 2，居住区康复景观适用植物名录（草本类）见附表 3，居住区康复景观适用植物名录（藤本类）见附表 4，居住区康复景观适用植物名录（蔬菜类）见附表 5。

附表 1 居住区康复景观适用植物名录（乔木类）

序号	植物名称	科属	分布区域	类别、习性及特征	健康效用	园林应用形式
常绿乔木						
1	广玉兰 *Magnolia grandiflora* L.	木兰科 木兰属	主要分布于我国华北、华中、华东、华南地区	常绿乔木，在原产地高度可达 30 米，花期 5～6 月，果期 9～10 月；我国长江流域以南各城市有栽培，由于树形优美，可作为行道树	花朵呈白色，花形较大，白色花卉令人感到纯洁和宁静，具有消暑的作用	春季开花，先花后叶，花朵较大，观赏性极佳，常作为孤景树或丛植
2	樟 *Cinnamomum camphora* (L.) Presl.	樟科 樟属	主要分布于我国华中、华南、华东	常绿大乔木，高可达 30 米，是居住区行道树、公共绿地的首选骨架树，枝、叶及木材均有樟脑气味；树皮黄褐色，有不规则的纵裂	绿色的叶能够吸收阳光中的紫外线，减少对眼睛的刺激，对眼睛有保护作用，缓解眼疲劳；香气可镇定安神，消除疲劳	居住区的行道树树种，也是绿地首选的骨架树种，可作为背景树，与其他小乔木灌木等结合
3	杜英 *Elaeocarpus decipiens* Hemsl.	杜英科 杜英属	主要分布于我国华东、华中、华南以及西南地区	常绿乔木，高 5～15 米，花期 6～7 月，适合作为居住区行道树	绿色的叶能够吸收阳光中的紫外线，减少对眼睛的刺激，对眼睛有保护作用，缓解眼疲劳；香气可镇定安神，消除疲劳	丛植或群植树种，也可作为行道树，但作为行道树需控制分支点的高度
4	女贞 *Ligustrum lucidum* Ait.	木樨科 女贞属	产于我国长江以南至华南、西南各省份，向西北分布至陕西、甘肃	常绿灌木或乔木，高可达 25 米；花期 5～7 月，果期 7 月至翌年 5 月，植株可作为丁香、桂花的砧木或行道树	绿色的叶能够吸收阳光中的紫外线，减少对眼睛的刺激，对眼睛有保护作用，缓解眼疲劳；香气可镇定安神，消除疲劳	常作为道路两侧的行道树

续附表1

序号	植物名称	科属	分布区域	类别、习性及特征	健康效用	园林应用形式
5	杨梅 *Myrica rubra* Siebold et Zuccarini	杨梅科 杨梅属	主要分布在我国华中、华东、华南、西南地区	常绿乔木,高度可达15米以上,4月开花,6~7月果实成熟。树形佳,枝条扩展优美,树冠不是很大,非常适合步行尺度的观赏	红色的果实可以增加呼吸促进活动,且其果实可以食用,让人从中获得收获感	常常作为主景树或丛植,常用于庭院栽植或宅前屋后种植,作为分隔或绿化屏障
6	木樨（桂花）*Osmanthus fragrans* (Thunb.) Lour.	木樨科 木樨属	产于我国西南部,现各地广泛栽培	常绿乔木或灌木,高3~5米,最高可达18米;树皮灰褐色,花期9~10月上旬,果期翌年3月	桂花有独特的芳香气味,使居民在种植、施肥及收获等园艺活动中增强记忆力及身体的协调性	在园林中作为乔木丛植列植
7	枇杷 *Eriobotrya japonica* (Thunb.) Lindl.	蔷薇科 枇杷属	全国范围内,除东北、西北局部地区外,其余地区均有栽植	常绿小乔木,高可达10米;黄色或橙色,外有锈色柔毛,花期10~12月,果期5~6月	具有清热止咳、降气和胃的功效,使居民在种植、施肥及收获等园艺活动中增强记忆力及身体的协调性	在绿地中丛植、片植或与其他植物混植
8	山茶 *Camellia japonica* L.	山茶科 山茶属	主要分布在我国华中、华东、华南以及西南局部	小型常绿乔木或灌木,可高达15米;花大多数为红色或淡红色,亦有白色,多为重瓣;花期12月至翌年3月,花观赏性强	山茶花颜色为红色或黄色,花期较长,可以增加呼吸促进活动,对贫血症、忧郁、麻风病有很好的治疗作用	庭院及公共绿地丛植,适宜用作栏杆绿篱或建筑基础种植
9	金桂 *Osmanthus fragrans* var. thunbergii	木樨科 木樨属	分布在我国华南、华中、西南、西北等地区	常绿小型乔木或灌木,树形丰满,秋季花极香,呈金黄色,有极高的观赏价值	金桂金黄色的花可使人感到兴奋和温暖,有效地改善神经质、糖尿病及麻风病	在草地上群植或在隔离带上列植

续附表 1

序号	植物名称	科属	分布区域	类别、习性及特征	健康效用	园林应用形式
10	石楠 Photinia serratifolia (Desfontaines) Kalkman	蔷薇科 石楠属	主要分布在我国华北、华中、华东、华南地区，在西北和西南局部也有分布	常绿灌木或小乔木，高4～6米，有时可达12米；枝叶繁茂，耐修剪较耐阴，冬季果实呈红色	石楠花色为白色，给人以纯洁的感觉，放松心情；而秋冬季的果实呈红色，颜色瞩目，给人以热烈温暖的感觉，能够促进呼吸、刺激视觉感官	作为庭荫树或孤植树使用
11	夹竹桃 Nerium oleander L.	夹竹桃科 夹竹桃属	主要分布在我国华北、华中、华东、华南地区，西南地区有零星分布	常绿小乔木或灌木，高度可达6米；花期春夏，果期秋冬，花紫红、粉红、橙红、黄或白色等，有很强的观赏性	夹竹桃所散发的香气，可通过鼻道嗅觉神经直达大脑中枢，改善大脑功能，激发愉悦感，对疾病康复和预防有一定的作用	在绿地中作为中景植物群植或者作为建筑房前屋后的点景植物
落叶乔木						
1	深山含笑 Michelia maudiae Dunn	木兰科 含笑属	主要分布于我国华中、华南、华东地区	落叶乔木，高达20米，花期2～3月，花单生于枝梢叶腋，芳香，径10～12厘米，白色，果期9～10月，为庭园观赏树种，可提取芳香油，亦供药用	深山含笑花朵呈白色，花形较大，白色花卉令人感到纯洁和宁静，具有消暑的作用。花卉的芳香可以引起人们美好的记忆和联想，使人心旷神怡	作为庭院观赏树种，在疏林草地中群植，与其他植物做搭配
2	银杏 Ginkgo biloba L.	银杏科 银杏属	在我国华北、华中、华东、华南、西南地区均有分布，在东北、西北局部零星分部	落叶乔木，高达40米，我国特有植物。花期3月下旬至4月中旬。银杏树形优美，春夏季叶色嫩绿，秋季变成黄色，颇为美观，可作为庭园树及行道树	银杏叶在秋季呈现黄色，可以促进呼吸，使人精神亢奋，给人以热烈辉煌、兴奋和温暖的感觉，从而愉悦心情	银杏作为高大乔木的秋色叶树种，常在居住区活动广场内行植、列植作为树阵，或在疏林草地孤植做点景树
3	一球悬铃木 Platanus occidentalis L.	悬铃木科 悬铃木属	我国东北、华中及华南均有引种	落叶大乔木，高达35米；树皮片状脱落，适应性强，世界各地广为栽培	一球悬铃木树大荫浓，有很好的遮阴作用，对于调节环境的小气候、降低城市热岛效应有明显的作用，有利于城市居民的身体健康	世界著名行道树和庭园树，被誉为"行道树之王"，常在主要道路两侧列植

续附表1

序号	植物名称	科属	分布区域	类别、习性及特征	健康效用	园林应用形式
4	金合欢 *Acacia farnesiana* (L.) Willd.	豆科 相思树属	主要分布于我国东南、华南、华东地区	落叶灌木或小乔木,高2~4米,花期3~6月,果期7~11月,生长于阳光充足,土壤较肥沃、疏松的地方	香气可镇定安神,消除疲劳,有助于治疗狂躁性精神病,缓解疲劳的状态,使人心情舒适	金合欢多刺,不宜种植在居民可轻易接触到的地方,适合远观,公共绿地内可作为孤景树或丛植树种
5	合欢 *Albizia julibrissin* Durazz.	豆科 合欢属	主要分布于我国华北、华中、华东、华南地区	落叶乔木,高达16米;托叶线状披针形,叶早落,花期6~7月,果期8~10月,树形优美,花期观赏性强	植株高度灵活,易被接触,花期较长,易吸引鸟类及蝴蝶;叶子以及花的线形流畅,给人以舒适柔和的感觉,能缓解压力	常作为公共绿地、前后庭院的孤植树或丛植树种
6	朴树 *Celtis sinensis* Pers.	大麻科 朴属	主要分布于我国华北、华东、华中、华南、东南地区	高大落叶乔木,高达20米,花期3~4月,果期9~10月;树形优美,树冠宽广,树荫浓郁	树冠宽广,树荫浓郁,对于调节小气候、降低城市温度、缓解热岛效应有良好的作用	公共绿地较好的孤植树,也可以在庭院或水边孤植
7	榔榆 *Ulmus parvifolia* Jacq.	榆科 榆属	主要分布于我国东北、华北、华东、华中、华南地区	落叶乔木,高达25米,胸径1米,花果期8~10月	秋季落叶,居民踩在落叶上发出的声音悦耳,让人感受到大自然的美妙和转变,令人心静松弛平和	很好的秋色叶树种,常作为公共绿地的背景树,疏林草地丛植
8	榉树 *Zelkova serrata* (Thunb.) Makino	榆科 榉属	主要分布于我国东北、华北、华东、华中、华南、西南地区	落叶乔木,高达30米,花期4月,果期9~11月;树形佳,高大挺拔,秋色叶树种	作为秋色叶树种,其温暖的颜色在秋天使人精神亢奋,给人兴奋和温暖的感觉	行道树或广场树阵的首选树种之一
9	栾树 *Koelreuteria paniculata* Laxm.	无患子科 栾属	在我国除东北地区以及西北较偏远地区以外均有分布	落叶乔木或灌木,花期6~8月,果期9~10月,秋色叶树种,可观花、观果,喜光且耐寒	栾树的花呈黄色,果实的皮呈红色,能愉悦人的心情,具有很好的康养作用,对粉尘、二氧化硫等有害物质有很强的抗性	作为居住区公共绿地或前庭丛植树种

续附表 1

序号	植物名称	科属	分布区域	类别、习性及特征	健康效用	园林应用形式
10	无患子 *Sapindus saponaria* Linnaeus	无患子科 无患子属	主要分布于我国华北、华中、华东、华南、西南地区	落叶大乔木,高可达 20 余米	树大荫浓,可以吸附空气中的尘埃,改善空气中的质量,滞留雨季的雨水,同时其作为秋色叶树种,秋季金黄色的叶片能愉悦人的心情	秋色叶树种,适合作为公共绿地或庭院的丛植树种,因落叶不宜大片种植
11	水杉 *Metasequoia glyptostroboides* Hu et W. C. Cheng	柏科 水杉属	主要分布于我国华北、华中、华东、华南地区	落叶乔木,高达 50 米,花期 4~5 月,球果 10~11 月成熟	水杉的叶片非常柔软,有很好的触感,可以刺激居民的感官,其作为很好的秋色叶树种,秋季金黄色叶片可以愉悦心情,缓解压力	适合在居住区公共绿地或者自然河道旁边群植,作为红线外围墙或绿化带高大背景树种或建筑立面的垂直或过渡绿化
12	池杉 *Taxodium distichum* var. *imbricatum* (Nuttall) Croom	柏科 落羽杉属	主要分布于我国华中、华东、华南地区	落叶乔木,在原产地高达 25 米,花期 3~4 月,球果 10 月成熟,耐水湿	池杉枝叶柔软,触感舒适,可刺激人的触觉,枝条的线条柔和婆娑,散发着独特的香气,可缓解压力	适合在居住区公共绿地或自然河道边群植,可作为高大建筑立面或墙体的遮挡,或者过渡绿化
13	槐 *Styphnolobium japonicum* (L.) Schott	豆科 槐属	在我国除东北偏北部以及西北偏北部以外,其余地区均有分布	落叶乔木,高达 25 米;花期 6~8 月;树冠优美,花芳香,是行道树和优良的蜜源植物;由于念珠状的果实成熟后,外表皮软化形成黏液落在物体上难以清洁,因此不宜设置在无顶棚的停车位附近或入户的庭院前	槐花有着独特的芳香气味,并且可以食用,还是很好的蜜源植物,可以刺激人的视觉、味觉,并且人们可以通过槐花的采摘参与劳动,融入大自然,放松心情,缓解老年疾病	作为红线外围墙或绿化带高大背景树种,或建筑立面的垂直或过渡绿化
14	楝 *Melia azedarach* L.	楝科 楝属	主要分布在我国华北、华中、华东、华南、西南地区	落叶乔木,高达 10 余米,花期 4~5 月,果期 10~12 月;树形优美,可在湿润的沃土上生长迅速,对土壤要求不高,在酸性土、中性土与石灰岩地区均能生长	夏季绿色的叶子可以吸收阳光中的紫外线,减少对眼睛的刺激,缓解眼疲劳;秋季落叶,踩踏落叶发出的声音清脆悦耳,具有缓解压力的功效	花朵呈紫白色,果实冬季在枝干上宿存,因此春季可观花、冬季观果,适合在公共绿地或河边丛植或孤植

续附表1

序号	植物名称	科属	分布区域	类别、习性及特征	健康效用	园林应用形式
15	臭椿 Ailanthus altissima (Mill.) Swingle	苦木科 臭椿属	在我国除东北偏北地区外，其余地区均有分布	落叶乔木，高达20余米，春色叶树种，早春树叶为红色，是非常好的观赏树，树叶及果实形状独特	早春时的红色叶片鲜艳夺目，给人以热烈兴奋和温暖的感觉，使人心情愉悦	叶形奇特，具有很好的观赏性，可作为红线外绿化带的背景乔木
16	梧桐 Firmiana simplex (Linnaeus) W. Wight	锦葵科 梧桐属	主要分布在我国华中、华北、华东、华南地区以及西南和西北局部地区	落叶乔木，高达16米，花期6月，可在公共绿地丛植，生长速度较快	梧桐的叶子大而柔软，形状优美，令人赏心悦目，能很好地营造环境氛围，舒缓居民的精神压力	具有很好的观赏性，可作为红线外绿化带的背景乔木
17	二乔玉兰 Magnolia × soulangeana (Soulange-Bondin) D. L. Fu	木兰科 玉兰属	在我国除东北、西北、西南局部地区外均有分布	落叶小乔木，高6～10米，花期2～3月，果期9～10月，花被片大小形状不等，紫色或有时近白色，是很好的春季观花树种	二乔玉兰的花大而优美，紫色较为深沉，使人感到清爽娴雅、肃穆宁静，白色则令人感到纯洁和宁静	可种植在道路的拐角处，或在绿地中孤植或群植
18	垂柳 Salix babylonica L.	杨柳科 柳属	在我国东北、华北、华中、华东、华南等地区均有分布，在西南、西北地区仅局部有该树种	落叶乔木，高达12～18米，树冠开展而疏散。花期3～4月，果期4～5月；树条婆娑，枝叶优美	垂柳枝叶柔软下垂，树影婆娑，栽植在水边，与环境相结合，能够很好地营造植物景观，为人们的休憩娱乐提供良好的环境，从而使人放松心情	水边种植设计的最佳树种
19	小叶杨 Populus simonii Carr.	杨柳科 杨属	主要分布在我国东北、华北、西北地区，华中地区也有零星分布	落叶乔木，高达20米，胸径50厘米以上；花期3～5月，果期蒴果小无毛；为防风固沙、护堤固土、绿化观赏的树种，也是东北和西北防护林及用材林主要树种之一	夏季绿色的叶子可以吸收阳光中的紫外线，减少对眼睛的刺激，缓解眼疲劳；秋季落叶，踩踏落叶发出的声音清脆悦耳，具有缓解压力的功效	可作为行道树或在草地中群植

续附表 1

序号	植物名称	科属	分布区域	类别、习性及特征	健康效用	园林应用形式
20	稠李 *Padus racemosa* (Lam.) Gilib.	蔷薇科 李属	主要分布在我国东北地区	落叶乔木,高可达15米;花期4~5月,果期5~10月。花白色,春季叶为紫色,春季可观叶,夏季观花,有很强的观赏性	白色花卉花量巨大,让人感受到宁静平和,并且植株高度灵活,易被接触,花期较长,易吸引鸟类和蝴蝶	可作为树林草地上的背景树种或孤植点景
21	香椿 *Toona sinensis* (A. Juss.) Roem.	楝科 香椿属	主要分布在我国华北、华中、华东、华南以及西北和西南局部	落叶乔木,高度可达25米;花期6~7月,果期10~11月	香椿的幼芽嫩叶芳香可口,可供食用。可以通过采摘以及与友人的分享,从中获得成就感和满足感	常绿观果乔木,适合在庭院公共绿地栽植
22	珊瑚树 *Viburnum odoratissimum* Ker.-Gawl.	忍冬科 荚蒾属	主要分布在我国华东、华南以及西南局部	常绿灌木或小乔木,高度可达15米,花期4~5月,果期7~9月;极耐修剪,生长快,萌发力强,成活率高,是常用的绿篱品种	珊瑚树的果实为红色,色彩艳丽,可以促进人们的活动;四季常绿,而绿色可以吸收阳光中的紫外线,有保护视力的作用	用于墙体的垂直绿化,也可作为绿篱或者在草地中群植,或者作为中景树
23	垂丝海棠 *Malus halliana* Koehne	蔷薇科 苹果属	主要分布在我国华北、华中、华东、华南以及西南和西北、东北局部	小型落叶乔木,高度可达5米;花期3~4月,果期9~10月;树枝开展,开花期满树皆花,姿态较好	植株高度灵活,易被接触,刺激触觉,花期较长,且花朵繁密,易吸引鸟类和蝴蝶	可片植或丛植,常设计为常绿大乔木的前景搭配植物
24	西府海棠 *Malus micromalus* Makino	蔷薇科 苹果属	主要分布在我国华北地区	小型落叶乔木,高度可达5米;花期4~5月,果期8~9月;树冠直立,向上生长	植株高度灵活,易被接触,花期较长,花量繁多,易吸引鸟类和蝴蝶	丛植或片植,观整体效果更佳
25	紫叶桃 *Amygdalus persica* 'Zi Ye Tao'	蔷薇科 李属	除西北和东北局部区域外,我国其他区域均有分布	落叶小乔木,高度可达3~5米;春色叶树种,春色叶为紫色,花为红色;春季开花展叶期,观赏性最强,可作为有色叶树种	紫色在视觉上使人感到清爽娴雅、肃穆宁静,对阿尔茨海默病、肿瘤、风湿病的治疗有很大好处	用在绿色背景的前层次,也可以在绿带中列植作为分隔

续附表1

序号	植物名称	科属	分布区域	类别、习性及特征	健康效用	园林应用形式
26	碧桃 *Amygdalus persica* L. var. *persica* f. *duplex* Rehd.	蔷薇科李属	除西北和东部局部区域外，我国其他区域均有分布	落叶小乔木，为桃属植物桃的一个变种，花期4月，果熟期7~8月；喜光、耐旱，要求土壤肥沃、排水良好。因其适应性强，在我国北方地区的公园是春季重要的观花树种	植株高度灵活，易被接触，花朵粉白色，花期较长，花量较大，易吸引鸟类和蝴蝶，使人们可以与鸟类、蝴蝶亲密接触，缓解压力，放松心情	作为庭院、绿地等景点广为种植
27	暴马丁香 *Syringa reticulate* (Blume) H. Hara var. *amurensis* (Rupr.) J. S. Pringle	木樨科丁香属	主要分布在我国东北、西北和华北地区	落叶小乔木或大乔木，高4~10米；花期6~7月，果期8~10月	植株高度灵活，易被接触，花朵呈白色，有芳香气味，白色使人感到纯洁和平静，芳香气味能舒缓压力，对神经中枢有刺激作用	作为常绿乔木背景的前层次，适宜树林草地丛植或前后庭院的栽植
28	紫叶李 *Prunus cerasifera* Ehehar f. *atropurpurea* (Jacq.) Rehd.	蔷薇科李属	在全国均有分布	落叶小乔木或灌木，高度可达8米；花期4月，果期8月；叶片呈紫红色，常用作常绿树的前景树；花浅粉红色，花期时满树皆花	紫色对人有镇定、平衡心智的作用，对肿瘤、阿尔茨海默病、风湿病有治疗作用	居住区绿地丛植或群植效果较好
29	日本晚樱 *Cerasus serrulata* var. *lannesiana* (Carri.) Makino	蔷薇科李属	引种于日本，除我国东北、西北、西南局部地区外，均有栽植	春季观花小乔木，落叶，花期3~5月；花浅粉色，春季开花	植株高度灵活，易被接触，花朵粉白色，花期较长，花量较大，易吸引鸟类和蝴蝶，使人们可以与鸟类、蝴蝶亲密接触，缓解压力，放松心情	常用作常绿树前景树或庭院及疏林草地丛植
30	紫薇 *Lagerstroemia indica* L.	千屈菜科紫薇属	主要分布于我国华北、华中、华东、华南、西南地区，西北及东部局部有零星分布	落叶灌木或小乔木，高度可达7米；花淡红、紫色或白色，常组成顶生圆锥花序，花期6~9月；姿态优美，花期长，适宜疏林草地的丛植，常用作常绿乔木前层次的绿化种植	紫薇又称痒痒树，在人接触抚摸之后，枝叶会发生晃动，人们通过这种尝试，可以从中获得满足感与愉悦感	常作为主要景区的点景植物

续附表 1

序号	植物名称	科属	分布区域	类别、习性及特征	健康效用	园林应用形式
31	鸡爪槭 *Acer palmatum* Thunb.	无患子科 槭属	主要分布在我国华北、华中、华东及华南地区	落叶小乔木，高5～8米；花期5月，果期9～10月；萼片暗红色，花瓣紫色；姿态优美，春秋季观赏性强	叶子形状优美，可以营造很好的植物景观氛围，使人放松；作为秋色叶树种，红色也能在一定程度上刺激视觉感官，延缓阿尔茨海默病	常作为主要景区的点景植物
32	红枫 *Acer palmatum* 'Atropurpureum' (Van Houtte) Schwerim	无患子科 槭属	在我国各地区均有分布	小乔木，高可达8米，叶片常年红色或紫红色，枝条紫红色，观赏性极高	叶形优美，可以营造很好的植物景观氛围，使人放松；作为秋色叶树种，红色也能在一定程度上刺激视觉感官，延缓阿尔茨海默病	我国庭院种植常用的品种，常作为主要景区的点景植物
33	紫丁香 *Syringa oblata* Lindl.	木樨科 丁香属	在我国各地区均有分布	灌木或小乔木，高可达5米；花期4～5月，果期6～10月；紫丁香枝干优美，花呈紫色，花量大，花期长，成活率较高，是园林中常用的观花小乔木	植株高度灵活，易被接触，花期较长，易吸引鸟类和蝴蝶	可在疏林草地中群植，与其他植物搭配，形成植物群落，也可修剪作为绿篱进行分隔
34	番木瓜 *Carica papaya* L.	番木瓜科 番木瓜属	我国华南、东南等地区已广泛栽培	常绿软木质小乔木，高达8～10米；具乳汁，花果期全年	番木瓜所含有的番木瓜碱具有抗肿瘤作用，对淋巴性白血病细胞有强烈抗癌活性；居民在园艺活动中增强记忆力及身体的协调性	在园林中可作为花坛主景树或在步行道两侧列植
35	无花果 *Ficus carica* Linn.	桑科 榕属	我国南北均有栽培，新疆南部尤多	落叶灌木，高达10米；多分枝，花果期5～7月	具有健脾止泻，消肿解毒，活血化瘀等功效；居民在种植、施肥及收获等园艺活动中增强记忆力及身体的协调性	在园林中丛植、片植，也可作为花境中的背景植物

续附表1

序号	植物名称	科属	分布区域	类别、习性及特征	健康效用	园林应用形式
36	柿 *Diospyros kaki* Thunb.	柿科柿属	原产于我国长江流域，现在各地多有栽培	落叶大乔木，通常高达10~14米，花期5~6月，果期9~10月	柿果味甘，性平，健脾，补胃，止吐血，柿饼烧熟食之止泻；居民在园艺活动中增强记忆力及身体的协调性	柿树寿命长，叶大荫浓，秋末冬初，霜叶染成红色，冬月落叶后，柿实殷红不落，一树满挂累累红果，增添优美景色，是优良的风景树
37	苹果 *Malus pumila* Mill.	蔷薇科苹果属	我国东北、西北、西南常见栽培	乔木，高可达15米，多具有圆形树冠和短主干，花期5月，果期7~10月	苹果有治腹泻、润肺和胃的作用；居民在种植、施肥及收获等园艺活动中增强记忆力及身体的协调性	在园林中常用于群植、丛植或列植
38	桃 *Amygdalus persica* L.	蔷薇科李属	原产于我国，各地广泛栽培	乔木，高3~8米，花期3~4月，果实成熟期因品种而异，通常为8~9月	桃仁具有止咳，润肠等功效；居民在种植、施肥及收获等园艺活动中增强记忆力及身体的协调性	在园林中常用于群植、丛植或列植
39	杏 *Armeniaca vulgaris* Lam.	蔷薇科李属	分布于我国各地，多数为栽培，尤以华北、西北和华东地区种植较多，少数地区为野生	乔木，高5~8（12）米；树冠圆形、扁圆形或长圆形，花期3~4月，果期6~7月；花浅粉色，为主要的春季观花植物	杏仁具有止咳、润肠等功效，果含有维生素B，具有较强的防癌作用；居民在园艺活动中增强记忆力及身体的协调性	在绿地中丛植、孤植、片植或群植
40	李 *Prunus salicina* Lindl.	蔷薇科李属	除东北地区局部外，全国各地均有栽植	落叶乔木，高9~12米；花期4月，果期7~8月；花浅粉色，为主要的春季观花植物	李的种仁能润肠通便、利尿消肿，可用于治疗便秘、小便不利等；居民在园艺活动中增强记忆力及身体的协调性	在绿地中、丛植、片植或群植

续附表1

序号	植物名称	科属	分布区域	类别、习性及特征	健康效用	园林应用形式
41	山楂 *Crataegus pinnatifida* Bge.	蔷薇科 山楂属	主要分布在我国华北、东北地区	落叶乔木，高达6米	果可生吃或做果酱、果糕；干制后入药，有健胃、消积化滞、舒气散瘀之效。秋季果实的收获，能使人从中获得满足感	山楂可栽培作绿篱和观赏树，秋季结果累累，经久不凋，颇为美观；幼苗可作嫁接山里红或苹果等砧木
42	樱桃 *Cerasus pseudocerasus* (Lindl.) G Don	蔷薇科 李属	主要分布于我国华中、华北、华南、华东地区	乔木，高2～6米，树皮灰白色，花期3～4月，果期5～6月；春季开花呈粉色，秋季果实呈现鲜艳的红色	樱桃具有祛风湿、解毒、止痛等功效；秋季果实的收获，能使人从中获得满足感	具有很好的景观效果，在园林中常常丛植
43	石榴 *Punica granatum* L.	千屈菜科 石榴属	主要分布于我国西北、西南地区	落叶灌木或乔木，高通常3～5米，稀达10米，浆果近球形，径5～12厘米，通常淡黄褐色或淡黄绿色，有时白色，稀暗紫色	含有延缓衰老、预防动脉粥样硬化和减缓癌变进程的高水平抗氧化剂；秋季果实的收获，能使人从中获得满足感	石榴的果实具有很好的观赏性，且树大荫浓，可作为绿地中列植或丛植的树种

附表 2　居住区康复景观适用植物名录（灌木类）

序号	植物名称	科属	分布区域	类别、习性及特征	健康效用	园林应用形式
1	含笑花 *Michelia figo* (Lour.) Spreng.	木兰科含笑属	原产于我国华南南部各省区，现广植于全国各地	常绿灌木，高 2～3 米，树皮灰褐色，分枝繁密；花直立，淡黄色而边缘有时红色或紫色，具甜浓的芳香；花期 3～5 月，果期 7～8 月	含笑花具芳香，清新香甜，有安神静气的功效。含笑花可制成花茶，使人心情愉悦、振奋精神，还具有活血调筋、养肤养颜、安神减压的功效	以盆栽为主，庭园造景次之。在园艺用途上主要是栽植 2～3 米的小型含笑花灌木用于庭园中观赏
2	月季花 *Rosa chinensis* Jacq.	蔷薇科蔷薇属	主要分布于我国湖北、四川和甘肃等省的山区，尤以上海、南京、常州、天津、郑州和北京等市种植最多	直立灌木；小叶 3～5 片，花几朵集生，稀单生；花瓣重瓣至半重瓣，红色、粉红色至白色；自然花期 4～9 月，果期 6～11 月	月季花含有酯类物质 7 种，具有强烈的花香味或水果香味，给人良好的嗅觉体验，可提取香料。根、叶、花均可入药，具有活血消肿、消炎解毒功效。月季花还可以有效吸收有害气体，改善人居环境	可用于园林布置花坛、花境；也可用于庭院垂直绿化；亦可制作月季盆景，做切花、花篮、花束等
3	蜡梅 *Chimonanthus praecox* (Linn.) Link	蜡梅科蜡梅属	野生于我国山东、江苏、安徽、浙江、福建、江西、湖南、湖北、河南、陕西、四川、贵州、云南等省；广西、广东等省区均有栽培	落叶灌木，常丛生。叶对生，椭圆状卵形至卵状披针形，花着生于第二年生枝条叶腋内，先花后叶，芳香，直径 2～4 厘米。花期 11 月至翌年 3 月，果期 4～11 月	蜡梅花是观赏花木，在凋零的冬季给人活力的感受，其花香还能充分调动人的嗅觉感官；蜡梅花含有芳樟醇、龙脑等多种芳香物，是制高级花茶的香花之一。具备一定药用价值，有解暑生津、止咳的效果	蜡梅是冬季赏花的理想名贵花木，广泛应用于居住区绿化建设，有片状栽植形成蜡梅花林、做主景灌木、做漏窗透景、配置假山岩石等多种形式
4	木芙蓉 *Hibiscus mutabilis* Linn.	锦葵科木槿属	我国辽宁、河北、山东、陕西、安徽、江苏、浙江、江西、福建、广东、广西、湖南、湖北、四川、贵州、云南等省区栽培，系我国湖南原产	落叶灌木或小乔木，高 2～5 米；花单生于枝端叶腋间，初开时白色或淡红色，后变深红色，直径约 8 厘米。花期 8～10 月	花粉红色，重瓣硕大，具有很高的观赏价值，满足人们的视觉审美需求。花具备一定的药用价值，清热解毒，散瘀止血。木芙蓉小枝、叶片等处密被星状毛和短柔毛，能有效地吸附大气中飘浮的固体颗粒物，对于净化人居环境中的空气有突出作用	多在庭园栽植，可孤植、丛植于墙边、路旁、厅前等处，特别宜于配植水滨

续附表 2

序号	植物名称	科属	分布区域	类别、习性及特征	健康效用	园林应用形式
5	栀子花 *Gardenia jasminoides* Ellis	茜草科栀子属	全国大部分地区都有栽培，集中分布在华东和西南、中南多数地区，福建、贵州、浙江、江苏、安徽、江西、河南、湖北、湖南、四川、陕西南部等	常绿灌木，5～7月开花，花、叶、果皆美。花腋生，有短梗，肉质。果实卵状至长椭圆状。喜光照充足且通风良好的环境，但忌强光曝晒	栀子花洁白纯净，象征着美好，花味芳香，给人良好的嗅觉体验，并具有一定的药用价值。栀子花根、叶、果实均可入药，有泻火除烦、消炎祛热、清热利尿、凉血解毒之功效	良好的绿化、美化、香化灌木，可成片丛植或配植于庭前、庭隅、路旁，植作花篱也极适宜，做阳台绿化、盆花、切花或盆景都十分适宜
6	南天竹 *Nandina domestica* Thunb.	小檗科南天竹属	产于我国长江流域及陕西、河南、河北、山东、湖北、江苏、浙江、安徽、江西、广东、广西、云南、贵州、四川等省区	常绿小灌木，花小，白色。浆果球形，直径5～8毫米，熟时鲜红色，稀橙红色。种子扁圆形。花期3～6月，果期5～11月。喜温暖及湿润的环境，比较耐阴	南天竹的叶夏春绿色，冬秋红色，球形浆果的点缀使得整株南天竹富有典雅的气质，给人良好的视觉体验。具有药用价值，根、茎可清热除湿、通经活络，常用于缓解感冒发热	多栽于庭园，茎干丛生，枝叶扶疏，秋冬叶色变红，有红果，经久不落，是赏叶观果的佳品，有良好的观赏价值
7	海桐 *Pittosporum tobira* (Thunb.) Ait.	海桐花科海桐花属	产于我国江苏南部、浙江、福建，广东等地，长江流域、淮河流域广泛分布	常绿灌木，蒴果圆球形，花期3～5月，果熟期9～10月	海桐枝叶繁茂，树冠球形，下枝覆地；叶色浓绿而有光泽，经冬不凋，初夏花朵清丽芳香，入秋果实开裂露出红色种子，颇为美观，引发观赏者的身心愉悦。此外，海桐抗二氧化硫等有害气体的能力强，对净化人居环境中的空气有突出作用	耐修剪，易造型，广泛用于灌木球、绿篱及造型树等；宜地植于花坛四周、花径两侧、建筑物基础或做园林中的绿篱、绿带

续附表 2

序号	植物名称	科属	分布区域	类别、习性及特征	健康效用	园林应用形式
8	火棘 *Pyracantha fortuneana* (Maxim.) Li	蔷薇科 火棘属	分布于我国黄河以南及广大西南地区	常绿灌木，花瓣白色，近圆形，果实近球形，直径约 5 毫米，橘红色或深红色。花期 3～5 月，果期 8～11 月	火棘树形优美，夏有繁花，秋有红果，果实存留枝头甚久，给人丰收、红火的感受，果实可以食用，满足人们的味觉体验；火棘具有良好的滤尘效果，对有害气体有很强吸收和抵抗能力，还具备一定的药用价值，可以清热解毒	极好的春季看花、秋冬季观果植物，在庭院中做绿篱及园林造景材料，在路边可以用作绿篱，美化、绿化环境
9	小叶黄杨 *Buxus sinica* var. *parvifolia* M. Cheng	黄杨科 黄杨属	分布于我国安徽、浙江、福建、江西、湖南、湖北、四川、广东、广西等省区；生长在溪边岩上或灌丛中	常绿灌木，叶薄革质，阔椭圆形或阔卵形，蒴果近球形，蒴果长 6～7 毫米，无毛。花期 3 月，果期 5～6 月。性喜温暖、半阴、湿润气候，耐旱、耐寒，耐修剪，属浅根性树种，生长慢，寿命长	枝叶茂密，叶光亮、常青，在冬季的居住区中有很好的点缀效果，增加生机。具良好的药用价值，对心律失常、心功能不全有较好的作用。此外，抗污染能力强，对人居环境中大气有净化作用	常见的观叶树种，是居住区绿化、绿篱设置等的主要灌木品种
10	十大功劳 *Mahonia fortunei* (Lindl.) Fedde	小檗科 十大功劳属	分布于我国广西、四川、贵州、湖北、江西、浙江等地区	常绿灌木，高 0.5～2 米。开黄色花，浆果球形，直径 4～6 毫米，紫黑色，被白粉。花期 7～9 月，果期 9～11 月。具有较强的抗寒能力，不耐暑热	叶形奇特，黄花似锦，典雅美观，给人良好的视觉体验；具备一定的药用价值，用于清热解毒、消肿止泻	盆栽植株可供室内陈设，因其耐阴性能良好，可长期在室内散射光条件下养植；在庭院中亦可栽于假山旁侧或石缝中
11	迎春花 *Jasminum nudiflorum* Lindl.	木犀科 素馨属	产于我国甘肃、陕西、四川、云南西北部以及西藏东南部，生长于山坡灌丛中，海拔 800～2 000 米	落叶灌木，直立或匍匐，高 0.3～5 米，枝条下垂，小枝四棱形，花冠黄色，径 2～2.5 厘米，花期 2～4 月	迎春花预示着春天的到来，早春时期金黄的花色刺激人们的视觉审美，给人以充满希望之感；迎春花叶可入药，有活血解毒的功效	迎春枝条披垂，冬末至早春先花后叶，花色金黄，叶丛翠绿，园林绿化中宜配植在湖边、墙隅，在房屋周围也可栽植，可供早春观花

续附表 2

序号	植物名称	科属	分布区域	类别、习性及特征	健康效用	园林应用形式
12	金丝桃 *Hypericum monogynum* L.	金丝桃科 金丝桃属	分布于河北、陕西、山东、江苏、安徽、江西、福建、河南、湖北、湖南、广东、广西、四川、贵州、云南等地	灌木，高 0.5～1.3 米，丛状或通常有疏生的开张枝条。花瓣金黄色至柠檬黄色，雄蕊细长如金丝，花期 5～8 月，果期 8～9 月	金丝桃花叶秀丽，花冠如桃花，雄蕊金黄色，观赏体验佳，充分调动人的视觉审美；金丝桃是一种中草药，根茎叶花果均可入药，具有镇静消炎的功效	南方庭院的常用观赏花木，可植于林荫树下，或者庭院角隅等
13	紫荆 *Cercis chinensis* Bunge	豆科 紫荆属	分布于我国东南部，北至河北，南至广东、广西，西至云南、四川，西北至陕西，东至浙江、江苏和山东等地	落叶灌木，高 5 米；叶近圆形，基部心形；花紫红或粉红色，2～10 余朵成束，簇生于老枝和主干上，常先叶开放；荚果；花期 3～4 月，果期 8～10 月	紫荆有"老茎生花"的奇特现象，是具有观赏性的木本花卉植物，可充分调动人的视觉感受；树皮可入药，有清热解毒、消肿止痛之功效	紫荆宜栽于庭院、草坪、岩石及建筑物前，用于居住区的园林绿化，具有较好的观赏效果
14	枸杞 *Lycium chinense* Miller	茄科 枸杞属	分布于我国宁夏、新疆、青海、甘肃、内蒙古、黑龙江、吉林、辽宁、河北、山西、陕西、甘肃南部以及西南、华中、华南和华东各省份	多分枝灌木，高达 1～2 米；花在长枝单生或双生于腋叶，浆果卵圆形，红色，长 0.7～1.5 厘米；花期 5～9 月，果期 8～11 月	枸杞树形婀娜，叶翠绿，花淡紫，果实鲜红，给人红火、丰收之感，可调动人的视觉审美；枸杞果实有药用和食用价值，可以养肝、滋肾、润肺、清热明目	很好的盆景观赏植物，也可用于居住区的绿化
15	黄刺玫 *Rosa xanthina* Lindl.	蔷薇科 蔷薇属	我国东北、华北各地庭园习见栽培	落叶灌木，小枝褐色或褐红色。花黄色，单瓣或半重瓣，无苞片。果球形，红黄色。花期 5～6 月，果期 7～8 月	黄刺玫花色黄色、花香诱人，充分调动人的视觉和嗅觉，果实中含多种维生素，有一定的食用和药用价值	黄刺玫是春末夏初的重要观赏花木，常做花篱或孤植于庭院或草坪之中

续附表 2

序号	植物名称	科属	分布区域	类别、习性及特征	健康效用	园林应用形式
16	连翘 *Forsythia suspensa* (Thunb.) Vahl	木犀科 连翘属	分布于我国河北、山西、陕西、山东、安徽西部、河南、湖北、四川	落叶灌木,枝开展或下垂,棕色、棕褐色或淡黄褐色,小枝土黄色或灰褐色,略呈四棱形,花冠黄色,裂片倒卵状长圆形或长圆形,花期3~4月,果期7~9月	连翘树姿优美、生长旺盛。早春先叶开花,且花期长、花量多,盛开时满枝金黄,芬芳四溢,充分调动人们的视觉和嗅觉感官,是早春优良观花灌木;还具备一定的药用价值,有清热解毒的功效	常用于居住区花坛种植或花境种植,也可以当作园景树使用
17	榆叶梅 *Prunus triloba* (Lindl.) Ricker	蔷薇科 桃属	产于我国黑龙江、吉林、辽宁、内蒙古、河北、山西、陕西、甘肃、山东、江西、江苏、浙江等省区,全国各地均有栽植	落叶小乔木,多呈灌木状;树皮紫褐色;叶具粗重锯齿;花单生,粉红色;花期3~4月,果期6~7月	榆叶梅其叶像榆树,其花像梅花,所以得名"榆叶梅"。榆叶梅枝叶茂密,花繁色艳,花形、花色均极美观,可刺激人们的视觉,带来审美体验;其还具有较强的抗盐碱能力	适宜种植在居住区的草地、路边或庭园中的角落、水池旁等;种植在常绿树周围或庭院假山旁等,其视觉效果更理想
18	玫瑰 *Rosa rugosa* Thunb.	蔷薇科 蔷薇属	分布于我国江苏、江西、四川、云南、青海、陕西、湖北、新疆、湖南、河北等省区	落叶灌木,枝干多针刺,奇数羽状复叶,小叶5~9片,椭圆形,有边刺。花瓣倒卵形,重瓣至半重瓣,花有紫红色、白色,果期8~9月,扁球形	玫瑰寓意众多(浪漫爱情、友谊长存、青春美丽等),能让人产生美好的联想;玫瑰花形优美,花色多样,有良好的审美价值;还具备一定的食用价值和药用价值	玫瑰适宜做花篱、花境、花坛及坡地栽植,是居住区绿化和庭院绿化的优选灌木

续附表 2

序号	植物名称	科属	分布区域	类别、习性及特征	健康效用	园林应用形式
19	木槿 *Hibiscus syriacus* Linn.	锦葵科 木槿属	我国福建、广东、广西、云南、贵州、四川、湖南、湖北、安徽、江西、浙江、江苏、山东、河北、河南、陕西等省区均有栽培	落叶灌木，高 3～4 米，小枝密被黄色星状绒毛。叶菱形至三角状卵形。花单生于枝端叶腋间，色彩有纯白、淡粉红、淡紫、紫红等，花形呈钟状，花期 7～10 月	木槿花花形优美，呈钟状，花色多样，起到视觉调节作用，使人身心愉悦；木槿花的营养价值极高，花汁具有止渴、醒脑的保健作用	木槿是夏秋季的重要观花灌木，南方多做花篱、绿篱；北方做庭园点缀及室内盆栽
20	珍珠梅 *Sorbaria sorbifolia* (L.) A. Br.	蔷薇科 珍珠梅属	分布于我国辽宁、吉林、黑龙江、内蒙古等省区	灌木，高可达 2 米；枝条开展；羽状复叶；顶生大型密集圆锥花序；花瓣长圆形或倒卵形，白色。7～8 月开花，9 月结果	珍珠梅株丛丰满，枝叶清秀，贵在缺花的盛夏开出清雅的白花而且花期很长，能很好地丰富人们的视觉体验。其茎皮可入药，有活血祛瘀、消肿止痛的功效	珍珠梅多在园林庭院单株栽植，需经常灌水，可孤植、列植、丛植，效果甚佳。具有耐阴的特性，是居住区高楼及各类建筑物北侧阴面绿化的优选花灌木树种
21	杜鹃 *Rhododendron simsii* Planch.	杜鹃花科 杜鹃花属	产自我国江苏、安徽、浙江、江西、福建、湖北、湖南、广东、广西、四川、贵州、云南等省区	常绿灌木、落叶灌木，株高 1～2 米；花 2～6 簇生枝顶，花萼 5 深裂，花冠漏斗状，玫瑰、鲜红或深红色，花期 4～5 月，果期 6～8 月	杜鹃枝繁叶茂，绮丽多姿，在花期中绽放时给人热闹而喧腾的感觉，使人们身心愉悦；杜鹃还具备一定的食用和药用价值，用于活血、止痛	优良的盆景材料，居住区中最宜在溪边、池畔及岩石旁成丛成片栽植；杜鹃也是花篱的良好材料，不是花期时，深绿色的叶片也很适合栽种在庭园中作为矮墙或屏障
22	金边黄杨 *Euonymus japonicus* 'Aurea-marginatus' Hort.	卫矛科 卫矛属	分布于我国中部，在全国各地园林中栽植十分普遍	常绿灌木，高可达 3～5 米；小枝四棱，叶革质，聚伞花序 5～12 花；花白绿色，蒴果近球状，淡红色	金边黄杨叶片嫩绿、洁净，有清丽幽雅的视觉观感；其具有非常好的抗污染性，对净化人居环境中的空气有突出作用	较为理想的绿篱和盆景材料，常用于门庭和花坛布置，也可做盆栽观赏，是较好的园林绿化彩色观叶灌木

附表 3　居住区康复景观适用植物名录（草本类）

序号	植物名称	科属	分布区域	类别、习性及特征	健康效用	园林应用形式
一二年生花卉						
1	大花藿香蓟 Ageratum houstonianum Mill	菊科 藿香蓟属	原产于南美洲墨西哥	株高 15～30 厘米，叶卵状，花小，头状花序瓔珞状，盛花时覆盖枝叶，花质细腻柔软，花蓝紫色，色彩淡雅	从初夏到晚秋开花不断，分枝能力极强，可以控制修剪高度，有纯蓝、白、粉玫瑰红等花色品种，使观赏者身心舒畅，缓解疲劳，镇定安神，还可入药用	花期 7 月至霜降，多年生作一年生栽培，常用于花坛、花境、花带、岩石园
2	五色草 Alternanthera bettzickiana (Regel) G. Nicholson	苋科 莲子草属	分布于热带与亚热带地区，我国有两种，产自西南至东南地区，野生于湿地	株高 20～50 厘米，叶条细，披针或阔披针形，绿、暗紫红或黄等彩斑或异色，叶柄短，基部下延，极耐低修剪	颜色丰富艳丽，在花卉装饰中具有重要地位，形式多样的五色草花坛给人以美的享受，疏解心情	观赏期 5～10 月，多年生作一年生栽培，常用于模纹花坛
3	雁来红 Amaranthus tricolor Linn.	苋科 苋属	原产于印度、中国等，分布于亚洲南部、中亚，日本也有栽培	株高 100～150 厘米，植株高大，直立，少分枝。叶大，基部暗紫色，入秋顶叶或包括中下部叶变为红、橙、黄色相间，为主要观赏部位。花小，不明显	全草入药，有解毒、祛寒热、明目之功效；种子可治眼病；嫩叶可做蔬菜或饲料	观赏期在秋季，一年生花卉，宜作花丛、花群、自然丛植，或做花境的背景材料
4	金鱼草 Antirrhinum majus L.	玄参科 金鱼草属	原产于地中海，我国广西南宁有引种栽培	株高 15～120 厘米，植株挺直，可以形成很好的竖线条。花色鲜艳丰富；花由花蕾基部向上逐渐开放，花期长	全株入药，有清热凉血、消肿功效。花多而色艳，是一种吉祥的花卉，让人感到繁荣昌盛、活力无限	花期 3～6 月，多年生作二年生栽培，株形挺拔，花色浓艳丰富，花形奇特，花序挺直，适用于花坛、种植钵、花境、切花、盆栽
5	雏菊 Bellis perennis L.	菊科 雏菊属	原产于欧洲和地中海区域，现世界各地均有栽培	株高 7～20 厘米，植株矮小，叶匙形基生。头状花序单生，直径 3～5 厘米，花莲自叶丛中抽出，长 10～15 厘米，可抽生多数花蕾	天然的美容佳品，美白功效强，具有去除黑色素和柔化表皮细胞的功效，可食用	花期春季，多年生作二年生栽培，植株娇小玲珑，花色丰富，为春季花坛常用花材，也是优良的种植钵和边缘花卉，还可用于岩石园

续附表 3

序号	植物名称	科属	分布区域	类别、习性及特征	健康效用	园林应用形式
6	羽衣甘蓝 *Brassica oleracea* var. *acephala* DC.	十字花科甘蓝属	我国大城市公园有栽培	叶基生,幼苗与食用甘蓝极像,但长大后不结球。叶大而肥厚,叶色丰富,叶形多变,开花时总状花序高可达1.2米	羽衣甘蓝维生素 C 含量是绿叶菜中最高的。微量元素硒的含量为甘蓝类蔬菜之首,有"抗癌蔬菜"的美称。另外,还具有一定的养胃和清热除烦、利水、消食通便、防治口干食少等功效	观赏期在冬春季,二年生花卉,植株低矮,叶色彩美丽、鲜艳,叶形多变,是我国华中以南地区冬季花坛的主要材料,也可盆栽或做切花,实为切叶,但整株切剪,当作一朵"花"来使用
7	金盏菊 *Calendula officinalis* L.	菊科金盏花属	原产于欧洲南部及地中海沿岸,喜生长于温和、凉爽的气候	株高 25~60 厘米,全株被软腺毛,有气味。多分枝,叶互生,长圆至长圆状倒卵形,基部抱茎。头状花序单生,直径可达 15 厘米。花淡黄至深橙红色,夜间闭合	含芳香油。全草入药。性辛凉,微苦。可发汗利尿、醒酒。欧洲人喜欢揉下金盏花的舌状花瓣,晒干贮藏,用来炖汁或汤调味。最初欧洲作为药用或食品染色剂栽培,较早引入我国,《本草纲目》有记载	花期春季。花大色艳,花期长,为春季花坛常用花卉。可做盆栽观赏或切花
8	翠菊 *Callistephus chinensis* (L.) Nees	菊科翠菊属	产于我国吉林、辽宁、河北、山西、山东、云南以及四川等省	株高 15~100 厘米,茎被白色糙毛,叶阔卵形或三角状卵形。头状花序单生枝顶,栽培种花色丰富,有白、粉红、紫、蓝等色,深浅不一	花、叶均可入药。性平,味甘,具清热、凉血之功效。群体配植广场、花坛、厅堂,素中带艳,清新悦目,富有时代气息	花期在春秋季,一二年生花卉,高型品种主要用作切花,是重要的草本切花,水养持久,也做背景花卉;中型品种适于花坛、花境;矮型品种可用于花坛或做镶边材料,亦可盆栽,有盆栽品种。翠菊还是氯气、氮化氢、二氧化硫的监测植物

续附表3

序号	植物名称	科属	分布区域	类别、习性及特征	健康效用	园林应用形式
9	长春花 *Catharanthus roseus* (L.) G. Don	夹竹桃科 长春花属	分布于非洲、亚热带、热带以及我国华东、西南、中南等地区	株高20～60厘米，常绿，茎直立，分枝少。叶对生，叶柄短，倒卵状矩圆形，两面光滑无毛，浓绿而有光泽，主脉白色明显。花单生或数朵腋生，高脚杯状，有5枚平展的花冠裂片，通常喉部色更深，有纯白、白色喉部具红黄斑的品种	长春花全草含抗肿瘤成分长春碱，可入药，有止痛、消炎的作用	花期在夏季，多年作生一年生栽培，优良的花坛花卉。可盆栽观赏。矮生品种布置春夏花坛极为美观
10	鸡冠花 *Celosia cristata* L.	苋科 青葙属	原产于非洲、美洲热带和印度，现在世界各地均有分布	株高15～120厘米，茎粗壮直立，光滑具棱，少分枝。叶互生，卵状至线状变化不一。穗状花序肉质顶生，具丝绒般光泽，花序上部退化成丝状，中下部成干膜质状，生不显著细小花。花序鸡冠状，有羽状品种，有深红、鲜红、橙黄、黄等色。叶色与花色常有相关性	鸡冠花序、种子可入药，茎和叶可食。鸡冠花生长于秋天，火红的颜色，花团锦簇，驱散抑郁之感	花期夏秋季，多年生作一年生栽培，花序顶生显著，形状奇特，色彩丰富，有较高的观赏价值，是重要的花坛花卉。矮型及中型鸡冠花用于花坛和盆栽观赏；高型鸡冠花用于花境和切花，切花瓶插能保持10天以上，也可制成干花
11	醉蝶花 *Cleome spinosa* Jacq.	白花菜科 醉蝶花属	原产于热带美洲，全球热带至温带栽培以供观赏，我国无野生，各大城市常见栽培	株高80～100厘米，茎直立挺拔，分枝少。全株具黏毛，有强烈的气味。掌状复叶，总叶柄细长，顶生总状花序，小花由下向上层层开放，在上部密集呈花团，花后立即结出细圆柱状蒴果，成熟后易开裂，花果同时出现	花梗长而壮实，总状花序形成一个丰茂的花球，色彩红白相映，浓淡适宜，尤其是其长爪的花瓣，长长的雄蕊伸出花冠之外，形似蜘蛛，又如龙须，使观赏者觉得颇为有趣，心情愉悦	花期6～10月，一年生花卉，醉蝶花是花境中非常优美的独特株形植物，极适合与其他花卉搭配丛植，还可以切花水养。同时，醉蝶花也是优良的抗污花卉，对二氧化硫、氯气的抗性都很强，而且还是极好的蜜源植物

续附表3

序号	植物名称	科属	分布区域	类别、习性及特征	健康效用	园林应用形式
12	彩叶草 *Coleus blumei*	唇形科鞘蕊花属	我国各地园圃普遍栽培，做观赏用	株高30～80厘米，全株具柔毛，茎四棱形。叶卵形，缘具钝齿牙，绿色叶面具黄、红、紫等斑纹。顶生总状花序具白色小花，花期8～9月。园艺品种多	彩叶草的色彩鲜艳、品种甚多、繁殖容易，为应用较广的观叶花卉，除可做小型观叶花卉陈设外，还可配置图案花坛，图案多变，引人入胜	观赏期4～10月，多年生作一年生栽培，叶色丰富美丽，是重要的观叶植物。纯色常用于花坛配色，复色和叶形奇特品种常用于盆栽
13	蛇目菊 *Coreopsis tinctoria.*	菊科金鸡菊属	原分布于美国中西部温带地区，我国贵州、福建、山东、上海、香港等地区广为栽培	株高60～120厘米，植株光滑，茎纤细，上部多分枝。叶对生，羽状深裂。头状花序，茎3～4厘米，具细长总柄，多数聚成松散的伞房花序状；舌状花黄色，基部红褐色，管状花紫褐色	归脾、胃、肝经。清利湿热，解毒消痛，主治湿热痢疾、目赤肿痛、痈肿疮毒	花期春夏季，一二年生花卉，茎叶光洁亮绿，着花繁密，花丛舒展轻盈，花朵雅致玲珑，宜作自然丛植或片植。自播能力强，因种子成熟先后不一，故自播苗生长期参差不齐，自春至秋开花不断，也可用于花境和切花
14	波斯菊 *Cosmos bipinnata* Cav.	菊科秋英属	原分布于美洲墨西哥，在我国栽培甚广，云南、四川西部有大面积归化	株高50～120厘米，茎纤细而直立，株丛开展。叶对生，羽状全裂，较稀疏。头状花序顶生或腋生，总梗长，花序直径5～10厘米，管状花明显。短日照花卉，秋季大都开花	全草可入药，具有清热解毒、明目化湿的功效，对急性、慢性、细菌性痢疾和目赤肿痛等症有辅助治疗的作用。重瓣品种可用于切花	花期9月至霜降，一年生花卉，植株高大，花朵轻盈艳丽，开花繁茂自然，有较强的自播能力，成片栽植有野生自然情趣。可成片配植于路边或草坪边及林缘，可做花群和花境配植或做花篱和基础栽植，也可做切花观赏
15	石竹类 *Dianthus Chinensis. L.*	石竹科石竹属	原产于我国北方，现南北普遍生长	株高20～50厘米，耐寒性强，要求高燥、通风凉爽的环境；喜阳光充足，不耐阴；喜排水良好、含石灰质的肥沃土壤，忌潮湿水涝，耐干旱瘠薄	在唐代已广泛栽培。全草入药，有清热利尿功效	花期在春季，多年生作一二年生栽培，花朵繁密，花色丰富，色泽艳丽，花期长，叶似竹叶，青翠，柔中有刚。用于花坛、花境和镶边布置，也可布置岩石园；花茎挺拔，水养持久，是优良的切花

续附表 3

序号	植物名称	科属	分布区域	类别、习性及特征	健康效用	园林应用形式
16	毛地黄 *Digitalis purpurea* L.	玄参科毛地黄属	原产于欧洲中部或南部，分布于欧洲西部，我国各地均有栽培	株高 80～120 厘米，植株高大，茎直立，少分枝，除花冠外，全株密生短柔毛和腺毛。叶粗糙、皱缩，由下至上逐渐变小。顶生总状花序着生一串下垂的钟状小花，花冠紫红色，花筒内侧浅白，并有暗紫色细点及长毛	叶入药，为强心剂、利尿	花期在春季，多年生作二年生栽培，植株高大，花序挺拔，花形优美，色彩艳丽，为优良的花境竖线条材料，丛植更为壮观。有大量园艺品种。盆栽多为促成栽培，早春赏花，可做切花
17	非洲凤仙 *Impatiens walleriana* Hook. f.	凤仙花科凤仙花属	原产于东非，世界各地常广泛引种栽培	株高 30～60 厘米，常绿多年生亚灌木花卉，全株肉质。茎具红色条纹，叶有长柄，叶色翠绿有光泽。四季开花，花色丰富	盆栽或吊盆栽植用于阳台、窗台或廊架吊挂观赏；在花坛、花境或墙垣下做装饰，陶冶情操，休闲之余给人以美的享受	花期 6 月至霜降，多年生作一年生栽培。植株矮小，分枝多，花团锦簇，花期持久，色彩艳丽，是优良的花坛花卉，可配植在路边行道树下做花带、花境；还是种植钵的好材料，可以室内盆栽
18	花菱草 *Eschscholtzia californica* Cham.	罂粟科花菱草属	原产于美国加利福尼亚州，我国广泛引种做庭园观赏植物	株高 25～35 厘米，全株被白粉呈灰绿色。株形稍铺散。叶基生为主，有少量茎生叶，互生，羽状细裂。花单生枝顶，具长梗；花瓣 4 枚，金黄色，十分光亮。花朵在阳光下开放，阴天或夜晚闭合	全株入药，叶可做蔬菜。花菱草提取物的镇静、抗焦虑作用可能与苯二氮䓬类受体激活有关，但与该类药物不同的是，提取物无抗惊厥和肌肉松弛作用等，提取物的镇痛作用为外周性而非中枢镇痛作用	花期在春季，多年生作二年生栽培，枝叶细密，开花繁茂，花姿独特优美，花瓣有丝质光泽，舒展而轻盈，具有自然气息，是优良的花带、花境和盆栽材料。因株形比较松散，花期短，不适合花坛应用

续附表 3

序号	植物名称	科属	分布区域	类别、习性及特征	健康效用	园林应用形式
19	千日红 *Gomphrena globosa* L.	苋科 千日红属	原产于亚洲热带，世界各地广为栽培	株高 15～60 厘米，茎直立，上部多分枝。叶对生，椭圆形至倒卵形。头状花序球形，1～3 个着生于枝顶，有长总花梗，花小密生，膜质苞片有光泽，紫红色，干后不凋，色泽不褪	干花序可泡茶用，花序入药，有止咳祛痰、定喘、平肝明目功效；主治支气管哮喘，急、慢性支气管炎，百日咳，肺结核略血等症	花期 7 月初至霜降，一年生花卉，植株低矮，花繁色浓，是优良的花坛材料，也适宜于花境、岩石园、花径等应用。球状花主要由膜质苞片组成，干后不凋，是良好的自然干花。采集开放程度不同的千日红，插于瓶中观赏，切花水养持久。对氮化氢敏感，可作为监测植物
20	满天星 *Gypsophila elegans*	石竹科 石头花属	原产于高加索至西伯利亚一带，现我国广泛栽培	株高 40～50 厘米，茎叶光滑，被白粉呈灰绿色；茎直立，叉状分枝，上部枝条纤细。单叶对生，上部叶披针形，下部叶矩圆状匙形。聚伞状花序顶生，稀疏而扩展，花小繁茂，犹如繁星，白色或粉红色	满天星可入药，其根性微寒、味甘、无毒，归肝、胃经，具有清热凉血、活血散瘀、消肿止痛、化腐生肌之功效，主要用于治疗肌热虚劳、骨蒸、阴虚久疟、小儿疳热及跌打损伤、骨折等疾患	繁星点点，花丛蓬松，在园林中有云雾般效果。可用于花丛、花境、岩石园，尤其适合与秋植球根花卉配植。常用于切花配花，也可制成干花
				宿根花卉		
1	乌头 *Aconitum carmichaeli* Debx.	毛茛科 乌头属	原产于我国中部，主要分布在长江中下游各地，北上可达山东、陕西、河南。四川栽培的药材最佳，故称川乌	株高 1～1.5 米，茎直立，下部光滑，上部具柔毛。地下具纺锤状圆锥形块根，暗褐色。茎生叶叶柄短，叶五角形深裂，裂片有缺刻，革质。顶生总状花序，花成串侧向排列，花形奇特	乌头块状主根常带侧根（子根），入药称为"附子"，有回阳逐冷、去风湿作用。不仅可以入药，还有极高的欣赏价值，紫色花瓣，清新淡雅，给人以清新脱俗之感，疏解郁闷情绪	花期 9～10 月，叶形美丽，花形奇特，多为蓝紫或白色，是园林中重要的夏季花卉。尤其适用于花境，作为背景花卉，下部枝干被前面的花卉遮挡，只露出上半部分的花叶，则观赏效果更佳。也适宜在灌丛和林缘栽植，体现群体美。水养持久，可做切花

续附表3

序号	植物名称	科属	分布区域	类别、习性及特征	健康效用	园林应用形式
2	蜀葵 *Althaea rosea* (Linn.) Cavan.	锦葵科蜀葵属	在我国分布很广，华东、华中、华北、华南地区均有	株高1.2~1.8米，全株被毛。茎直立，不分枝，高可达3米。单叶互生，具长柄；5~7掌状浅裂或波状角裂，叶面粗糙多皱。花大，腋生，成总状顶生花序；花色丰富，有白、黄、蓝、红等色	蜀葵味甘，性凉，根有清热解毒、排脓利尿之功效；籽有利尿通淋之功效；花有通利大小便、解毒散结之功效	花期6~8月，宿根花卉，花色丰富，花大色艳，是重要的夏季园林花卉。在建筑物前或墙垣前丛植或列植，有很高的观赏价值。优良的花境材料，在其中做竖线条的花卉。植株易衰老，注意及时更新，以免影响景观效果
3	花叶芦竹 *Arundo donax* var. *versicolor* Stokes	禾本科芦竹属	原产于地中海一带，在我国广东、海南、广西、贵州、云南等南方地区种植	株高2米以上，植株高大，杆粗壮，易分枝，形状似竹。叶线状披针形，有白色条纹，依季节不同条纹颜色常有变化，夏季白色增多。圆锥花序密而直立	茎干高大挺拔，形状似竹。早春叶色黄白条纹相间，后增加绿色条纹，盛夏新生叶则为绿色，展现绿意勃勃，给人以生机盎然之感，驱散消极情绪	观赏期全年，宿根花卉，为主要的观叶植物，多在水边丛植，在水中形成的倒影也能增加不少趣味。花序还可作为切花的材料
4	蒲苇 *Cortaderia selloana*	禾本科蒲苇属	分布于我国华北、华中、华南、华东及东北地区	株高1~3米，常绿植物。雌雄异株。茎丛生，茎秆挺拔。叶常绿，多基生，极狭长，长1~2米，宽1厘米，拱状下垂，边缘具细齿，呈灰绿色。白色圆锥花序大；长20~40厘米，花枝长2~3米；雄穗为宽塔形，疏弱	观花类，蒲苇花穗长而美丽，庭院栽培壮观而雅致，或植于岸边入秋赏其银白色羽状穗的圆锥花序，其具有极强的野生意趣，给人以生命旺盛融于自然之感，缓解疲劳与压力	花期8~10月，宿根花卉，花穗长而美丽，庭院栽植壮观而雅致。微风拂过，花序随风轻舞，具有田野韵味。也可做干花装饰，通常在孕穗时剪下，待花穗干燥后便可使用，还可根据需要将花穗染色；为延长其观赏时期，不宜在抽穗后剪取，否则花穗易散落

续附表3

序号	植物名称	科属	分布区域	类别、习性及特征	健康效用	园林应用形式
5	宿根天人菊 Gaillardia aristata Pursh.	菊科 天人菊属	原产于北美西部，我国各地均有栽培	株高60～100厘米，全株被粗节毛。茎不分枝或稍有分枝。基生叶和下部茎叶长椭圆形或匙形，长3～6厘米，宽1～2厘米，全缘或羽状缺裂，两面被尖状柔毛，叶有长叶柄；中部茎叶披针形、长椭圆形或匙形	宿根天人菊生长迅速，花朵繁茂整齐，花色鲜艳，花量大，可以刺激人们的视觉神经，使人心情愉悦	花期6～10月，宿根花卉，栽培容易。花期长，适当追肥有利于开花。及时去残花可延长花期。2～3年分株更新。定植株距30厘米
6	芙蓉葵 Hibiscus moscheutos Linn.	锦葵科 木槿属	原产于美国东部，我国北京、青岛、上海、南京、杭州和昆明等城市有栽培	株高1～2米，茎亚灌木状，粗壮，丛生，斜出，光滑被白粉。单叶互生，叶背及柄密生灰色星状毛，叶形多变，浅裂或不裂，基部圆形，缘具疏齿。花大，单生茎上部叶腋；花萼宿存	芙蓉葵花朵硕大，早上花的颜色是白色或粉红色，到了午后就会变成大红色，在短短的时间内能有如此变化的花，给人新鲜之感，增强对自然的兴趣	花期6～8月，亚灌木状宿根花卉，花大，株形高，色彩丰富，可做花境的背景材料。丛植于路旁、坡地等阳光充足处，自成一景，也颇美丽。与观赏草配用效果很好
7	玉簪 Hosta plantaginea (Lam.) Aschers.	百合科 玉簪属	原产于我国及日本	株高15～40厘米，株丛低矮，圆浑。地下茎粗大。叶基生，簇状，具长柄。总状花序高出叶丛，着花稀疏；花瓣基部合生成长管状，白、蓝或蓝紫色	玉簪花味甘、性凉、有毒，有清咽、利尿、治痛经之功效；根叶有清热解毒、消肿止痛之功效；花含芳香油，可提制芳香津膏；紫萼根汁可治牙痛	花期夏秋季，宿根花卉，花或洁白如玉或淡紫温良，晶莹素雅。无花时宽大的叶子有很高的观赏价值。喜阴，可在林下片植做地被应用；于建筑物北面种植，可以软化墙角的硬质感。矮生及观叶的品种可用于盆栽观赏

续附表3

序号	植物名称	科属	分布区域	类别、习性及特征	健康效用	园林应用形式
8	多叶羽扇豆 *Lupinus polyphyllus* Lindl.	豆科 羽扇豆属	原产于美国，我国见于栽培	株高60～150厘米，茎粗壮直立，光滑或疏被柔毛。掌状复叶多基生，叶柄很长，但上部叶柄短；小叶表面平滑，叶背具粗毛。顶生总状花序。园艺品种多，花色极富变化，多为双色	多叶羽扇豆绿色生态幽美，用来装点房间可以帮助人们释放压力，平心静气	花期5～6月，宿根花卉，植株高大，挺拔；叶秀美；花序丰硕，花色艳丽，花序长30～60厘米，观赏价值极高，是花境中优秀的竖线条花卉。也可丛植，切花水养持久
球根花卉						
1	美人蕉 *Canna indica* L.	美人蕉科 美人蕉属	原产于美洲、印度、马来半岛等热带地区，分布于我国南北各地	株高70～200厘米，地下为根茎。地上茎是由叶鞘互相抱合而成的假茎，丛生状；假茎和叶片常有一层蜡质白粉。叶片较大，圆至椭圆披针形，全缘，有粉绿、亮绿和古铜色，也有黄绿镶嵌或红绿镶嵌的花叶品种	根茎及花可入药。有些品种嫩叶可做蔬菜。根茎富含淀粉，可做农作物。茎叶还可做动物饲料。种子可提取染料	花期6～10月，球根花卉，春植球根，宜做花境背景或花坛中心栽植，也可丛植于草坪边缘或绿篱前，展现其群体美。还可用于基础栽植，遮挡建筑死角，柔化钢硬的建筑线条。矮生美人蕉可做阳性地被或斜坡地被，亦可盆栽欣赏。它还是净化空气的好材料，对有害气体的抗性较强，可用于工矿区的绿化
2	大丽花 *Dahlia pinnata* Cav.	菊科 大丽花属	在我国各地均有栽培，其中以东北地区吉林、长春、沈阳、辽阳、齐齐哈尔等地最盛	株高15～150厘米，地下为粗壮的块根。茎较粗，多直立，绿色或紫褐色，平滑，中空。叶对生，1～3回羽状分裂，边缘具疏钝锯齿。头状花序顶生，花大小、色彩及形状因品种不同而不同。园林用品种多为植株低矮，开花繁密，中或小花，花期长，花色丰富	块根内含菊糖，在医学上有葡萄糖之功效，还可入药	花期6～10月，球根花卉，春植球根，花色艳丽，花型多变，品种极其丰富，是重要的夏秋季园林花卉，尤其适用于花境或庭前丛植。矮生品种最宜盆栽观赏或花坛使用。高型品种宜做切花

续附表3

序号	植物名称	科属	分布区域	类别、习性及特征	健康效用	园林应用形式
3	风信子 *Hyacinthus orientalis* L.	百合科 风信子属	原产于南欧地中海东部沿岸及小亚细亚半岛一带,现在荷兰最多,我国各地均有栽培	株高20～30厘米,鳞茎球形或扁球形,具有光泽的皮膜,常与花色相关。叶基生,4～6枚,带状披针形,质肥厚,有光泽,质感敦厚。总状花序;小花密生在花茎上部,着花6～12朵或10～20朵;花钟状,斜伸或下垂,裂片端部向外反卷。整个花序看起来充实而丰盈。多数园艺品种具香气	有滤尘作用,花香能稳定情绪,消除疲劳作用。花除供观赏外,还可提取芳香油	花期3～5月,球根花卉,秋植球根,重要的秋植球根花卉。植株低矮而整齐,花期早,花色艳丽,是春季布置花境、花坛的优良材料。可以在草地边缘成丛成片种植,增加色彩。还可以盆栽欣赏或像水仙一样水养,将其球茎置于小口的锥形玻璃瓶上,让其根刚好触及水面,欣赏开花后的风姿,还可以观察根的动态。高型品种可以做切花用
4	蛇鞭菊 *Liatris spicata* (L.) Willd.	菊科 蛇鞭菊属	原产于北美洲墨西哥湾及附近大西洋沿岸一带,世界各国均有栽培	株高60～90厘米,地下具块根。全株无毛或散生短柔毛。叶互生,条形,全缘,上部叶较小。头状花序排列成密穗,穗长15～30厘米;头状花紫红色,由上而下次第开放	蛇鞭菊色彩绚丽,恬静宜人,给人以静谧与舒适的感觉	花期7～9月,球根花卉,春植球根,茎干挺拔,花穗直挺,花小巧而繁茂,花色雅洁,盛开时竖向效果鲜明,景观宜人,是花境中的优秀花材。可做切花栽培,通常在花穗先端有3厘米左右花序开放时切取。矮生变种可用于花坛

续附表3

序号	植物名称	科属	分布区域	类别、习性及特征	健康效用	园林应用形式
5	晚香玉 *Polianthes tuberosa* L.	石蒜科晚香玉属	原产于墨西哥，我国有引种栽培	株高80～90厘米，常绿植物。地下具鳞块茎（上部为鳞茎，下部为块茎）。叶基生，带状披针形，茎生叶短，且愈向上愈短并呈苞状。总状花序顶生，着花12～32朵；花白色漏斗状，具浓香，夜晚香气更浓，故有"夜来香"之称	花朵可提炼香精油。晚香玉翠叶素茎，碧玉秀荣，含香体洁，幽香四溢，使人七月忘暑，心旷神怡	花期7～11月，球根花卉，春植球根，美丽的夏季观赏花卉。花序长，着花疏而优雅，是花境中的优良竖线条花卉。花期长而自然，丛植或散植于石旁、路旁、草坪周围、花灌丛间，具有柔和视觉效果，渲染宁静的气氛。也可用于岩石园。花浓香，是夜花园的好材料
6	郁金香 *Tulipa gesneriana* L.	百合科郁金香属	我国约产10种，主要分布在新疆	株高20～90厘米，地下具鳞茎。茎、叶光滑，被白粉。叶3～5枚，带状披针形至卵状披针形，全缘并呈波状，常有毛。花单生茎顶，大型，形状多样；花被片6枚，离生，有白、黄、橙、红、紫红等单色或复色，并有条纹、重瓣品种。花白天开放，傍晚或阴雨天闭合	郁金香是世界著名的球根花卉，还是优良的切花品种，花卉刚劲挺拔，叶色素雅秀丽，荷花似的花朵端庄动人，惹人喜爱	花期在3～5月，球根花卉，秋植球根，郁金香为"花中皇后"，是最重要的春季球根花卉。花色丰富，开花非常整齐，令人陶醉，是优秀的花坛或花境花卉，丛植草坪、林缘、灌木间、小溪边、岩石旁都很美丽，也是种植钵的美丽花卉，还是切花的优良材料及早春重要的盆花
水生花卉						
1	菖蒲 *Acorus calamus* L.	天南星科菖蒲属	原产于我国及日本，广布于世界温带和亚热带地区，我国南北各地均有分布	株高60～80厘米，根茎稍扁肥，横卧泥中，具芳香。叶二列状着生，剑状线形，端尖，基部鞘状，对折抱茎，革质具有光泽；中肋明显并在两面隆起，边缘稍波状；叶状佛焰苞长达30～40厘米，内具圆柱状锥形肉穗花序；花小型，黄绿色	全株芳香，可做香料或驱蚊虫药；茎、叶可入药。菖蒲是极好的"绿色农药"。将菖蒲根茎0.5千克捣烂后，加水1～1.5千克熬煮2小时，经过滤所得的原液，兑水3～6千克，可有效防治稻飞虱、稻叶蝉、稻螟蛉、蚜虫、红蜘蛛等虫害	花期7～9月，宿根、挺水花卉，叶丛挺立而秀美，并具香气，最宜做岸边或水面绿化材料，也可盆栽观赏

续附表 3

序号	植物名称	科属	分布区域	类别、习性及特征	健康效用	园林应用形式
2	凤眼蓝 *Eichhornia crassipes* (Mart.) Solms	雨久花科凤眼蓝属	原产于巴西,现广泛分布于我国长江、黄河流域及华南各省份	栽培水深 60～100 厘米,须根发达,悬垂水中。茎极短缩。叶由丛生而直伸,倒卵状圆形或卵圆形,全缘,鲜绿色而有光泽,质厚,叶柄长,叶柄中下部膨胀呈葫芦状海绵质气囊。生于浅水的植株,其根扎入泥中,植株挺水生长	凤眼蓝花和嫩叶可以直接食用,其味道清香爽口,并有润肠通便的功效。花瓣中心生有一明显的鲜黄色斑点,形如凤眼,也像孔雀羽翎尾端的花点,非常养眼、靓丽。常作为园林水景中的造景材料。植于小池一隅,以竹框之,让人感觉野趣幽然	花期7～9月,宿根、漂浮花卉,叶色光亮,花色美丽,叶柄奇特,是重要的水生花卉。可以片植或丛植水面。还可以用于鱼缸装饰。有很强的净化污水能力,可以清除废水中的铁、锌、铜等金属和许多有机污染物质
3	千屈菜 *Lythrum salicaria* L.	千屈菜科千屈菜属	原产于欧亚两洲的温带,广布全球;我国南北各地均有野生	株高30～100厘米,地下根茎粗硬,木质化。茎四棱形,直立多分枝,基部木质化。植株丛生状。叶对生或轮生,披针形,有毛或无毛。长穗状花序顶生,小花多而密集,紫红色	全草入药,治肠炎、痢疾、便血;外用于外伤出血	花期7～9月,宿根、挺水花卉,株丛整齐清秀,花色鲜艳醒目,姿态娟秀洒脱,花期长。水边浅处成片种植千屈菜,不仅可以衬托睡莲、荷花等的艳美,同时也可遮挡单调的驳岸,对水面和岸上的景观起到协调的作用。丛植岸边也很美丽,也是花境中重要的竖线条花卉

续附表3

序号	植物名称	科属	分布区域	类别、习性及特征	健康效用	园林应用形式
4	荷花 *Nelumbo* SP.	睡莲科莲属	我国是世界上栽培荷花最普遍的国家之一。目前除西藏、内蒙古和青海等地外，绝大部分地区都有栽培	栽培水深60～80厘米，地下根茎膨大，有节，其上生根，称为藕；在节内有多数通气的孔眼。叶基生，具长柄，有刺，挺出水面；叶盾形，全缘或稍呈波状，表面蓝绿色，被蜡质白粉，背面淡绿色；叶脉明显隆起；幼叶常自两侧向内卷。花单生于花梗顶端，具清香；雌蕊多数，埋藏于倒圆锥形、海绵质的花托（莲蓬）内，以后形成坚果，称莲子	荷花不仅是良好的观赏材料，也是重要的经济作物，其根茎、种子可食用，是营养丰富的滋补食品；其叶、梗、蒂、节、种子、花蕊可以入药	群体花期6～9月，球根、挺水花卉，荷花碧叶如盖，花朵娇美高洁，是园林水景中造景的主题材料。一般小水面可以丛植，也可盆栽或缸栽布置庭院，还可以做荷花专类园。此外，有极小型的品种，可以种在碗中观赏，称碗莲
5	萍蓬莲 *Nuphar pumilum*	睡莲科萍蓬草属	原产于北半球寒温带，分布广，中国、日本、欧洲、西伯利亚地区都有。我国东北、华北、华南地区均有分布	栽培水深30～60厘米，地下具横走的根状茎。叶基生，浮水叶卵形、广卵形或椭圆形，先端圆钝，基部开裂且分离，裂深约为全叶的1/3，近革质，表面亮绿色，背面紫红色，密被柔毛；沉水叶半透明，膜质；叶柄长，上部三棱形，基部半圆形。花单生叶腋，伸出水面，金黄色，径2～3厘米；萼片呈花瓣状	种子和根茎可食，根可净化水体，根茎可入药	花期5～7月，球根、浮水花卉，初夏开放，叶亮绿，金黄娇嫩的花朵从水中伸出，小巧而艳丽，是夏季水景园的重要花卉。可以片植或丛植，也可盆栽装点庭院。一般小池以3～5株散植于亭边或桥头

续附表 3

序号	植物名称	科属	分布区域	类别、习性及特征	健康效用	园林应用形式
6	梭鱼草 *Pontederia cordata* L.	雨久花科梭鱼草属	美洲热带和温带均有分布,我国华北等地有引种栽培	栽培水深 15～30 厘米,全株鲜绿色,具粗壮地下茎。叶基生,具圆筒形长叶柄;叶形多变,多为倒卵状披针形,叶基广心形;叶面光滑。花葶直立,通常高出叶面;顶生穗状花序,15 厘米左右,密生蓝紫色小花,上方两花瓣各有两个黄绿色斑点	种子可食,制成面粉等。全株入药,可提炼收缩剂类药。每到花开时节,串串紫花在片片绿叶的映衬下,别有一番情趣,让人心情舒畅	花期 6～10 月,宿根、挺水花卉,梭鱼草叶色翠绿,花色迷人,花期较长。可用于园林湿地、水边、池塘绿化,也可盆栽观赏

附表4　居住区康复景观适用植物名录（藤本类）

序号	植物名称	科属	分布区域	类别、习性及特征	健康效用	园林应用形式
1	紫藤 *Wisteria sinensis* (Sims) Sweet	豆科紫藤属	分布于我国河北以南、黄河长江流域及陕西、河南、广西、贵州、云南、北京等地	落叶藤本，花期4月中旬至5月上旬，果期5～8月	紫藤花可提炼芳香油，并有解毒、止吐止泻等功效。紫藤皮具有杀虫、止痛、祛风通络等作用，也可食用	紫藤长寿，宜做枯树、山石、门廊、棚架、墙面的绿化材料，也可修剪成灌木状植于草坪、溪水边、岩石旁
2	凌霄 *Campsis grandiflora* (Thunb.) Schum.	紫葳科凌霄属	分布于我国长江流域各地以及河北、山东、河南、福建、广东、广西、陕西等省区	攀缘藤本植物，以气生根攀附于他物之上；花期5～8月。生性强健，性喜温暖；有一定的耐寒能力；生长喜阳光充足，但也较耐阴	凌霄花具有抗菌、抗血栓形成、抗肿瘤等作用。中医理论认为凌霄花具有活血通经、凉血祛风等功效	凌霄老干扭曲盘旋、苍劲古朴，其花色鲜艳，芳香味浓，且花期很长，故而可做室内的盆栽藤本植物
3	葡萄 *Vitis vinifera* L.	葡萄科葡萄属	我国主要产区有安徽萧县，新疆吐鲁番、和田，山东烟台，河北张家口、宣化，昌黎，辽宁大连、熊岳、沈阳及河南芦庙乡、民权、仪封等地	木质藤本植物，果实球形或椭圆形，花期4～5月，果期8～9月	葡萄的营养价值很高。葡萄中含有矿物质钙、钾、磷、铁以及维生素 B_1、维生素 B_2、维生素 B_6、维生素 C 和维生素 P 等，还含有多种人体所需的氨基酸，常食葡萄对神经衰弱、疲劳过度大有裨益。葡萄比阿司匹林能更好地阻止血栓形成，对预防心脑血管病有一定作用	葡萄在园林景观中常常栽植在花架两旁，攀缘至花架上。绿叶用于遮阴造景，结出来的葡萄串垂下来也有独特美感。一方面作为观赏，另一方面它的果实能激发游人的采摘兴趣
4	扶芳藤 *Euonymus fortunei* (Turcz.) Hand.-Mazz	卫矛科卫矛属	分布于我国江苏、浙江、安徽、江西、湖北、湖南、四川、陕西等省	常绿藤本灌木，高可达数米；6月开花，10月结果。生长于山坡丛林、林缘或攀缘于树上或墙壁上	扶芳藤能抗二氧化硫、三氧化硫、氧化氢、氯、氟化氢、二氧化氮等有害气体，可作为空气污染严重的工矿区环境绿化树种	扶芳藤为地面覆盖的最佳绿化观叶植物，特别是它的彩叶变异品种，有较高的观赏价值，适宜点缀在墙角、山石等。其攀缘能力不强，不适宜做立体绿化

续附表 4

序号	植物名称	科属	分布区域	类别、习性及特征	健康效用	园林应用形式
5	铁线莲 *Clematis florida* Thunb.	毛茛科 铁线莲属	分布于我国广西、广东、湖南、江西等地	多数为落叶或常绿草质藤本，花期从早春到晚秋（也有少数冬天开花的品种），果期夏季。铁线莲享有"藤本花卉皇后"之美称，花期 6～9 月，花色一般为白色，花有芳香气味	以根及全草入药。利尿，理气通便，活血止痛。用于小便不利，腹胀，便闭；外用治关节肿痛，虫蛇咬伤	铁线莲垂直绿化的主要方式有廊架绿亭、立柱、墙面和篱垣栅栏等。可栽培供园林观赏用。铁线莲可做展览用切花，可攀缘于常绿或落叶乔灌木上，可用作地被
6	爬山虎 *Parthenocissus tricuspidata*	葡萄科 地锦属	分布于我国河南、辽宁、河北、山西、陕西、山东、江苏、安徽、浙江、江西、湖南、湖北、广西、广东、四川、贵州、云南、福建等地	多年生大型落叶木质藤本植物，藤茎可长达 18 米。无论是岩石、墙壁或是树木，均能吸附。花期 6 月，果期大概在 9～10 月	爬山虎不仅有绿化、美化效果，同时也发挥着增氧、降温、减尘、减少噪声等作用，是藤本类绿化植物中用得最多的材料之一	在其他绿化植物不易"落户"的地方，可以广泛栽植爬山虎，加快绿化速度，改善居住环境，提高生活质量。可以应用在立体绿化、城市屋顶绿化和护坡绿化方面
7	常春藤 *Hedera nepalensis* var. *sinensis* (Tobl.) Rehd	五加科 常春藤属	分布于北至甘肃东南部、陕西南部、河南、山东，南至广东、江西、福建，西至西藏波密，东至江苏、浙江	多年生常绿攀缘灌木，气生根，长 3～20 米。花淡黄白色或淡绿白色，花期 9～11 月，果期翌年 3～5 月	具有优先吸附甲醛、苯、TVOC（总挥发性有机化合物）等有害气体的特点，达到净化室内空气的效果。在 10 平方米左右的房间内，可消灭 70% 的苯、50% 的甲醛和 24% 的三氯乙烯	常攀缘于林缘树木、林下路旁、岩石和房屋墙壁上
8	木藤蓼 *Fallopia aubertii* (L. Henry) Holub	蓼科 何首乌属	分布于我国内蒙古、山西、河南、陕西、甘肃、宁夏、青海、湖北、四川、贵州、云南及西藏等地	半灌木，茎缠绕，长 1～4 米。花期 7～8 月，果期 8～9 月。生于山坡草地、山谷灌丛中	开花时一片雪白，有微香，是良好的攀缘和蜜源植物	木藤蓼攀缘能力极强，有支架或花格墙等附着物可迅速布满，是绿篱花墙隔离、遮阴凉棚、假山斜坡等立体绿化快速见效的极好树种

续附表 4

序号	植物名称	科属	分布区域	类别、习性及特征	健康效用	园林应用形式
9	忍冬 *Lonicera japonica* Thunb.	忍冬科 忍冬属	除黑龙江、内蒙古、宁夏、青海、新疆、海南和西藏无自然生长外，全国各省份均有分布	多年生半常绿缠绕灌木。花期4～6月（秋季亦常开花），果熟期10～11月	忍冬花性甘寒，有清热解毒、消炎退肿的功能，对细菌性痢疾和各种化脓性疾病都有效。忍冬的茎、叶和花都可入药，具有解毒、消炎、杀毒、杀菌、利尿和止痒的作用	金银花由于匍匐生长能力比攀缘生长能力强，故更适合于做地被栽培；亦可以利用其缠绕能力制作花廊、花架及绿化矮墙等
10	牵牛 *Pharbitis nil*（Linn.）Choisy	旋花科 牵牛属	在我国除西北和东北的一些省外大部分地区都有分布	一年生缠绕草本，花酷似喇叭状，夏秋开花，花期以夏季最盛	牵牛花不但可供观赏，而且还可入药。它性寒，味苦，有逐水消积功能，对水肿腹胀、脚气、大小便不利等病症有特别的疗效	牵牛花多用于庭院围墙以及高速道路护坡的绿化美化
11	茑萝松 *Quamoclit pennata*（Desr.）Boj.	旋花科 茑萝属	分布在我国陕西、河北、河南、山东、江苏、安徽、浙江、江西、福建、广东、广西、四川、贵州、云南等地	一年生柔弱缠绕草本。花期从7月上旬至9月下旬，每天开放一批，晨开午后即蔫	茑萝全株均可入药，有清热解毒消肿的作用，对治疗感冒发热、痈疮肿毒有一定的效果	茑萝细长光滑的蔓生茎，长可达4～5米，柔软，极富攀缘性，是理想的绿篱植物
12	络石 *Trachelospermum jasminoides*（Lindl.）Lem.	夹竹桃科 络石属	分布于我国山东、安徽、江苏、浙江、福建、江西、河北、河南、湖北、湖南、广东、广西、云南、贵州、四川、陕西等省区	常绿木质藤本植物，长可达10米，3～7月开花，7～12月结果	根、茎、叶、果实供药用，有祛风活络、止痛消肿、清热解毒之效能。花芳香	络石在园林中多做地被，或盆栽观赏，为芳香花卉，供观赏。络石匍匐性攀爬较强，可搭配做色带色块绿化使用

续附表 4

序号	植物名称	科属	分布区域	类别、习性及特征	健康效用	园林应用形式
13	木香花 *Rosa banksiae* Ait.	蔷薇科蔷薇属	分布于我国四川、云南,全国各地均有栽培	攀缘小灌木,高可达6米;花瓣重瓣至半重瓣,白色,倒卵形,花期4～5月	木香花可以吸收废气,阻挡灰尘从而净化空气。花含芳香油,可供配制香精化妆品用	木香花色艳丽,香味浓郁,秋果红艳,是极好的垂直绿化材料,适用于布置花柱、花架、花廊和墙垣,是做绿篱的良好材料,非常适合家庭种植
14	五味子 *Schisandra chinensis*	木兰科五味子属	分布于我国黑龙江、吉林、辽宁、内蒙古、河北、山西、宁夏、甘肃、山东等地	落叶木质藤本,花期5～7月,果期7～10月。生长在山区的杂木林或山沟的灌木丛中,缠绕在其他林木上生长,其耐旱性较差	五味子为著名中药,其果含有五味子素及维生素C、树脂、鞣质及少量糖类,有敛肺止咳、滋补涩精、止泻止汗之效	花果皆美,可植于庭园做垂直绿化材料及盆栽观赏
15	使君子 *Quisqualis indica* L.	使君子科使君子属	分布于我国福建、江西南部、湖南、广东、广西、四川、云南、贵州等地	攀缘灌木,喜温润,深根性,根系分布广而深。宜栽于向阳背风处,排水良好的肥沃沙质壤土为最适	使君子的种子为中药中有效的驱蛔药之一,对小儿寄生蛔虫症疗效好	使君子花色艳丽,叶绿光亮,是园林中观赏的好树种。花可做切花用
16	西番莲 *Passiflora caerulea* L.	西番莲科西番莲属	分布于我国广西、江西、四川、云南等地	多年生常绿攀缘木质藤本植物,浆果卵圆球形至近圆球形,长约6厘米,熟时橙黄色或黄色;种子多数,倒心形,长约5毫米。花期5～7月	西番莲果内含有丰富的蛋白质、脂肪、还原糖、多种维生素和磷、钙、铁、钾等多达165种化合物以及人体必需的17种氨基酸,营养价值很高。西番莲果实成熟后气味芬芳,切开则香气四溢、沁人肺腑	西番莲花果俱美,花大而奇特,既可观花,又可赏果,是一种十分理想的庭园观赏植物
17	叶子花 *Bougainvillea spectabilis* Willd.	紫茉莉科叶子花属	原产于热带美洲,我国南方栽培供观赏	木质藤本状灌木,花期可从11月起至第二年6月。冬春之际,姹紫嫣红的苞片展现,给人以奔放、热烈的感受,因此又得名贺春红	叶子花具有一定的抗二氧化硫功能,是一种很好的环保绿化植物	叶子花树势强健,花形奇特,色彩艳丽,缤纷多彩,花开时节格外鲜艳夺目。我国南方常用于庭院绿化,做花篱、棚架植物,配植于花坛、花带

续附表 4

序号	植物名称	科属	分布区域	类别、习性及特征	健康效用	园林应用形式
18	珊瑚藤 *Antigonon leptopus* Hook. et Arn.	蓼科 珊瑚藤属	分布在我国广东、海南（三亚）和广西等地	多年生攀缘藤本，长达10米。性喜温暖湿润环境，肥沃的微酸性土壤，生长适温为22℃～30℃	珊瑚藤开花壮观，花形娇柔，色彩艳丽，花繁且具微香，是夏季难得的名花	可栽培于花坛，适合花架、绿荫棚架栽植，是园林和垂直绿化的好植物，有"藤蔓植物之后"之称
19	藤蔓月季 *Climbing Roses*	蔷薇科 蔷薇属	世界各地	落叶灌木，呈藤状或蔓状，姿态各异，可塑性强，花色有红、粉、黄、白、橙、紫、镶边色、原色、表背双色等等，花色有朱红、大红、鲜红、粉红、金黄、橙黄、复色、洁白等	四季开花不断，花色艳丽、奔放，花期持久，香气浓郁	藤蔓月季是园林绿化中使用最多的蔓生植物，可作为花墙、隔离带、遮盖铁栅栏等使用
20	炮仗花 *Pyrostegia venusta* (Ker-Gawl.) Miers	紫葳科 炮仗藤属	分布在我国广东（广州）、海南、广西、福建、云南（昆明、西双版纳）等地	藤本，花期长，通常在1～6月。喜向阳环境和肥沃、湿润、酸性的土壤。生长迅速，在华南地区能保持枝叶常青，可露地越冬	花叶均可入药，润肺止咳，清热利咽。在夏季红橙色的花朵累累成串，状如鞭炮	多种植于庭院、栅架、花门和栅栏，做垂直绿化
21	锦屏藤 *Cissus sicyoides* L.	葡萄科 白粉藤属	分布于我国的云南、广西、广东、海南等热带、亚热带地区	多年生常绿草质藤蔓植物，长度可达3～4米或更长	观茎植物，锦屏藤的茎节红褐色而且有金属光泽，它不分枝，枝条有3米长，每株有上百条甚至上千条垂在棚架上	主要应用于篱垣、棚架、绿廊等方式的垂直绿化或盆栽
22	鹰爪花 *Artabotrys hexapetalus* (L.f.) Bhandari	番荔枝科 鹰爪花属	分布于我国浙江、福建、江西、广东、广西、云南等省区	攀缘灌木，高可达4米，5～8月开花，5～12月结果	鹰爪花极香，可提制鹰爪花浸膏，用于高级香水、化妆品和皂用的香精原料，亦供熏茶用。根可药用，治疟疾	树形优美、枝叶繁茂、四季常青、花香艳丽、果实奇特，观赏价值较高。适用于花墙、花架等处的栽培观赏，也适用于山石的栽植欣赏

续附表 4

序号	植物名称	科属	分布区域	类别、习性及特征	健康效用	园林应用形式
23	密花豆 *Spatholobus suberectus* Dunn	豆科密花豆属	分布于我国云南、广西、广东、福建等省区	攀缘藤本,幼时呈灌木状。花期 6 月,果期 11～12 月	茎可入药,俗称鸡血藤,有祛风活血、舒筋活络之功用	密花豆枝叶繁茂,花序呈紫红或玫红色,色彩艳丽,适用于花架、花廊、墙垣等的垂直绿化
24	何首乌 *Fallopia multiflora* (Thunb.) Harald.	蓼科何首乌属	产自我国陕西南部,分布于甘肃南部、华东、华中、华南、四川、云南、贵州等地	多年生植物,块根肥厚,长椭圆形,黑褐色。茎缠绕,长 2～4 米,花期 8～9 月,果期 9～10 月	何首乌是著名中药材,根、茎、叶均可入药,有滋补安眠的功用	何首乌枝多蔓长,叶端庄雅致,花繁茂,可用于攀缘墙垣、叠石,不仅美观,还有消暑的功能
25	中华猕猴桃 *Actinidia chinensis* Planch.	猕猴桃科猕猴桃属	分布于我国河南、江苏、安徽、浙江、湖南、湖北、陕西、四川、甘肃、云南、贵州、福建、广东、广西等地	大型落叶藤本,果黄褐色,近球形,长 4～6 厘米,花期为 5～6 月,果熟期为 8～10 月	果实猕猴桃含有丰富的矿物质,对保持人体健康具有重要的作用。含有大量维生素 C 等,营养价值极高	枝叶浓密,藤蔓缠绕盘曲,花美且芳香,适用于亭廊、墙垣、护栏、花架等垂直绿化

附表5 居住区康复景观适用植物名录（蔬菜类）

序号	植物名称	科属	分布区域	类别、习性及特征	健康效用	园林应用形式
1	萱草 Hemerocallis fulva (L.) L.	百合科 萱草属	除我国的西北局部外，全国范围内均有分布	多年生草本，花期5～7月，生命力顽强，易管理	花朵呈姜黄色，给人温暖的感觉，花期长，花朵可以食用，且有消食健胃，补血的效果	花早上开晚上凋谢，无香味，橘红色至橘黄色，常作为地被种植
2	香石竹 Dianthus caryophyllus L.	石竹科 石竹属	在全国各地均有种植	多年生草本，高40～70厘米，全株无毛，粉绿色，花期5～8月，果期8～9月	花瓣浸酒可调养神经，花朵不仅可食，而且可以作为切花，居民可在花材采摘过程中接近自然，放松心情	花具有很好的观赏性，常作为切花，也可作为花境、地被的植物材料
3	草莓 Fragaria × ananassa Duch.	蔷薇科 草莓属	全国各地均有分布	多年生草本，高10～40厘米，花期4～5月，果期6～7月，果食用，也做果酱或罐头	草莓果实呈红色，给人温暖热烈的感觉，且果实可供采摘食用，以此缓解压力	在园林中可作为地被栽植
4	罗勒 Ocimum basilicum L.	唇形科 罗勒属	全国各地均可生长，多为栽培，南部省份有野生的	一年生草本，高20～80厘米，茎、叶及花穗含芳香油，全草入药	罗勒不仅可食用药用，而且有独特的香味，也是常用的调味料植物之一，人们可通过园艺劳作激发身体机能	在园林中可作为地被栽植
5	迷迭香 Rosmarinus officinalis L.	唇形科 迷迭香属	原产于欧洲及北非地中海沿岸，我国园圃中偶有引种栽培	灌木，高达2米，花期11月，为芳香油植物，可做皂用或化妆香精的调和原料，此外又可做观赏植物	迷迭香有特殊的芳香气味，可以刺激人的嗅觉感官，舒缓压力；也可以作为食材，在烹饪中使用，刺激人们的味觉	在园林中，作为灌木丛植、片植、与其他植物材料相搭配
6	薄荷 Mentha canadensis Linnaeus	唇形科 薄荷属	全国各地均可生长，多为栽培，除西北部分地区外各省份也有野生的	多年生草本，高达60厘米，花期7～9月，果期10月；叶片可食用	薄荷的芳香气味可以提神醒脑，缓解压力，并且绿色的叶片可以吸收阳光中的紫外线，居民可通过园艺劳作获得收获感	在园林中，通常作为地被栽植，也可在花境中作为线性植物材料

续附表 5

序号	植物名称	科属	分布区域	类别、习性及特征	健康效用	园林应用形式
7	菠菜 *Spinacia oleracea* L.	苋科菠菜属	原产于伊朗,我国普遍栽培,为极常见的蔬菜之一	植物高可达 1 米,无粉	富含维生素及磷、铁,生长速度快,很快就可以收获并食用,能为居民带来很好的园艺操作条件,并从中获得满足感、成就感	在园林中可作为地被栽植
8	韭 *Allium tuberosum* Rottler ex Sprengle	石蒜科葱属	我国广泛栽培,亦有野生植株,但北方的为野化植株	具倾斜的横生根状茎,花果期 7~9 月	叶、花葶和花均做蔬菜食用;种子入药,生长快,成景快,易收获,可以很好地为园艺劳动提供条件,使居民在参与中激发身体机能,并从中获得收获的满足感	在园林中可作为地被栽植
9	洋葱 *Allium cepa* L.	石蒜科葱属	原产于亚洲西部,在我国广泛栽培	鳞茎粗大,近球状至扁球状,花葶粗壮,高可达 1 米,花果期 5~7 月	鳞茎供食用,可作为调味料使用,味辛辣,可以刺激味觉感官	在园林中可作为地被栽植,也可作为花境的竖线条植物材料与其他植物混植
10	大葱 *Allium fistulosum* L.	石蒜科葱属	全国各地广泛栽培	花白色,花果期 4~7 月,属于竖线条植物	所有的葱蒜类植物都含有一些铁和维生素,可用来清血,预防感冒,居民可通过园艺劳作激发身体机能	在园林中,通常作为地被栽植,也可作为花境的线性植物材料
11	香芹菜 *Apium graveolens*	伞形科芹属	全国各地均可生产,多为栽培,南部各省份也有野生的	二年生或多年生草本;高 15~150 厘米,有强烈香气;花期 4~7 月	种子可作为一种镇静剂或解除胃胀气的药,芳香气味可以舒缓镇定神经,居民可通过园艺劳动激发身体机能	可作为花境设计种植中的植物材料
12	番薯 *Ipomoea batatas* (L.) Lam.	旋花科虎掌藤属	原产于南美洲及大、小安的列斯群岛,现已广泛栽培	一年生草本,地下部分具圆形、椭圆形或纺锤形的块根,块根的形状、皮色和肉色因品种或土壤不同而异,花冠粉红、白、淡紫或紫色,钟状或漏斗状	根部可供食用,花、叶有良好的观赏性;在秋季,居民可以进行园艺劳动,收获果实,并获得满足感、成就感	主要作为地被植物

续附表 5

序号	植物名称	科属	分布区域	类别、习性及特征	健康效用	园林应用形式
13	马铃薯 *Solanum tuberosum* L.	茄科 茄属	我国各地均有栽培。原产热带美洲的山地，现广泛种植于全球温带地区	草本，高30～80厘米，花期夏季	块茎富含淀粉，可供食用，为山区主粮之一，并为淀粉工业的主要原料；在秋季，居民可以进行园艺劳动，收获果实，并获得满足感、成就感	在园林中，可作为地被植物栽植，株形较高的，也可以丛植或片植在草地上
14	胡萝卜 *Daucus carota* var. *sativa* Hoffm.	伞形科 胡萝卜属	全国各地广泛栽培	本变种与原变种区别在于根肉质，长圆锥形，粗肥，呈红色或黄色，用种子繁殖	根做蔬菜食用，并含多种维生素及胡萝卜素；生长快，短时间内就可以收获，给居民带来满足感、成就感	在园林中可作为地被栽植，也可作为花境植物与其他植物混植
15	芥菜疙瘩 *Brassica juncea* var. *napiformis* Pailleux et Bois	十字花科 芸薹属	全国各地广泛栽培	二年生草本，高60～150厘米，花浅黄色，直径7～8毫米，花期4～5月，果期5～6月	块根盐腌或酱渍供食用；居民可以进行园艺劳动，收获果实，从中获得满足感、成就感	园林中常作为地被植物，或者布置花坛
16	芥菜 *Brassica juncea* (Linnaeus) Czernajew	十字花科 芸薹属	全国各地广泛栽培	一年生草本，高30～150厘米，常无毛，萼片淡黄色，花期3～5月，果期5～6月	叶盐腌供食用；种子及全草供药用，能化痰平喘，消肿止痛；种子磨粉称芥末，为调味料；榨出的油称芥子油；芥菜还是优良的蜜源植物，有很高的食用和药用价值，刺激人的味觉器官	园林中常作为地被植物，或者布置花坛
17	玉蜀黍 （玉米） *Zea mays* L.	禾本科 玉蜀黍属	我国各地均有栽培，全世界热带和温带地区广泛种植	一年生高大草本，秆直立，通常不分枝，高1～4米，花果期秋季	玉米是重要的谷物，果实常见为黄色，也有紫色等其他颜色，对视觉感官有很好的刺激作用；居民可以进行园艺劳动，收获果实，从中获得满足感、成就感	可以成片栽植成田，也可以作为植物组团搭配中的背景植物

续附表 5

序号	植物名称	科属	分布区域	类别、习性及特征	健康效用	园林应用形式
18	西瓜 *Citrullus lanatus* (Thunb.) Matsum. et Nakai	葫芦科西瓜属	我国各地均有栽培，以新疆、甘肃兰州、山东德州、江苏溧阳等地最为有名	一年生蔓生藤本；茎、枝粗壮，具明显的棱沟，被长而密的白色或淡黄褐色长柔毛，花果期夏季	果实为夏季水果，果肉味甜，能降温去暑；种子含油，可做消遣食品；果皮药用，有清热、利尿、降血压之效	主要作为地被植物，或与休息凉亭相结合种植
19	甜瓜（香瓜） *Cucumis melo* L.	葫芦科黄瓜属	全国各地广泛栽培	一年生匍匐或攀缘草本；花果期夏季，因栽培悠久，品种繁多，果实形状、色泽、大小和味道也因品种而异，园艺上分为数十个品系，如普通香瓜、哈密瓜、白兰瓜等均属不同的品系	果实为夏季水果，果肉味甜，能降温去暑；居民可以进行园艺采摘劳动，收获果实，从中获得满足感、成就感	在园林中常作为藤蔓植物，与休息凉亭相结合种植
20	冬瓜 *Benincasa hispida* (Thunb.) Cogn.	葫芦科冬瓜属	我国南方尤其广东、广西普遍栽培	一年生蔓生或架生草本；果实夏季做蔬菜食用	本种果实为夏季水果，果肉味甜，能降温去暑；居民可以进行园艺采摘劳动，收获果实，从中获得满足感、成就感	在园林中可作为地被植物，或作为藤蔓植物与休息凉亭相结合种植
21	黄瓜 *Cucumis sativus* L.	葫芦科黄瓜属	我国各地普遍栽培，且许多地区均有温室或塑料大棚栽培	一年生蔓生或攀缘草本；花果期夏季，果为我国各地夏季主要菜蔬之一	茎藤药用，能消炎、祛痰、镇痉；居民可以进行园艺采摘劳动，收获果实，从中获得满足感、成就感	在园林种植中可作为藤蔓植物，与休息凉亭相结合种植
22	西葫芦 *Cucurbita pepo* L.	葫芦科南瓜属	世界各国普遍栽培；我国清代从欧洲引入，现各地均有栽培	一年生蔓生草本；果实形状因品种而异；果实做蔬菜	西葫芦含有较多维生素C、葡萄糖等营养物质，具有除烦止渴、润肺止咳、清热利尿、消肿散结的功效；居民可以进行园艺采摘劳动，收获果实，从中获得满足感、成就感	在园林种植中可作为藤蔓植物，与休息凉亭相结合种植

续附表5

序号	植物名称	科属	分布区域	类别、习性及特征	健康效用	园林应用形式
23	葫芦 *Lagenaria siceraria* (Molina) Standl.	葫芦科 葫芦属	我国各地均有栽培	一年生攀缘草本；花期夏季，果期秋季	幼嫩时可供菜食，成熟后外壳木质化，可药用，果实形状各异，充满趣味性；居民可以进行园艺采摘劳动，激发身体机能	在园林中常作为藤蔓植物，与休息凉亭相结合种植
24	南瓜 *Cucurbita moschata* (Duch. ex Lam.) Duch. ex Poire	葫芦科 南瓜属	全国范围内广泛栽植	一年生蔓生草本；茎常节部生根，密被白色刚毛；花黄色，花期5～6月	花朵明黄色，给人以温暖舒适的感觉，果实在秋季黄色；居民可以进行采摘劳动，释放压力，获得收获感	在园林中常作为藤蔓植物，与休息凉亭相结合种植
25	向日葵 *Helianthus annuus* L.	菊科 向日葵属	全国范围内广泛栽植	一年生草本；茎高达3米，被白色粗硬毛；花期7～9月，果期8～9月	花朵明黄色，给人以温暖舒适的感觉，果实可食用；居民可以进行采摘劳动，释放压力	向日葵花色繁多，有黄色、红色及渐变色，颜色艳丽，观赏性很强，可种植为花田观赏，也可作为花境中的背景植物
26	莴苣 *Lactuca sativa* L.	菊科 莴苣属	全国各地均有栽培，陕西等地区亦有野生	一年生或二年生草本，高25～100厘米，花果期2～9月	莴苣可以提高人体血糖代谢功能；居民通过园艺劳动增强身体的运动能力	在园林中主要作为地被植物使用
27	胡椒 *Piper nigrum* L.	胡椒科 胡椒属	我国福建、广东、广西及云南等省区均有栽培	木质攀缘藤本；茎、枝无毛，节显著膨大，常生小根，果球形，无柄，直径3～4毫米，成熟时红色，未成熟时干后变黑色。花期6～10月	胡椒果实红色时，观赏性强，刺激视觉感官，给人以温暖热烈的感觉；种子成熟可做调味品，味道辛辣，刺激味觉	在园林中可丛植、片植，也可作为剪形植物
28	辣椒 *Capsicum annuum* L.	茄科 辣椒属	全国各地均有栽培，南方亦有野生	一年生草本或灌木状；高达80厘米；花果期5～11月	可增进食欲，抗菌杀菌，增强代谢；居民可通过园艺活动增加社交	辣椒有很多品种，颜色众多，形态众多，在园林中常常丛植或与其他植物材料混植

续附表5

序号	植物名称	科属	分布区域	类别、习性及特征	健康效用	园林应用形式
29	番茄 *Lycopersicon esculentum* Miller	茄科番茄属	全国各地均有栽培，亦有野生	一年生草本；植株高达2米；茎易倒伏	有生津止渴、促进骨骼发育、改善睡眠等作用；居民在园艺活动中增强注意力	番茄有很多品种，颜色众多，形态众多，在园林中常常丛植或与其他植物材料混植
30	茄 *Solanum melongena* L.	茄科茄属	全国各地均有栽培，亦有野生	草本或亚灌木状；高达1米；花的颜色及花的各部数目均有出入，一般有白花、紫花	居民在种植、施肥及收获等园艺活动中增强记忆力及身体的协调性	果的形状有长形及圆形，颜色有白、红、紫等，一般可栽培供食用，在园林中丛植、群植
31	黄葵 *Abelmoschus moschatus* Medicus	锦葵科秋葵属	我国华南、西南等地区栽培或野生，现广植于热带地区	一年生或二年生草本，高1～2米，被粗毛，花期6～10月	果实可做蔬菜；居民在种植、施肥及收获等园艺活动中增强记忆力及身体的协调性	在园林中丛植、片植或群植
32	苦瓜 *Momordica charantia* L.	葫芦科苦瓜属	全国各地均有栽培，一些地区亦有野生	一年生攀缘状柔弱草本，多分枝；花、果期5～10月	果味甘苦，主做蔬菜，根、藤及果实入药，有清热解毒的功效；在园艺劳动中对居民的感官进行刺激	在园林中常作为藤蔓植物，与休息凉亭相结合种植
33	大豆 *Glycine max* (L.) Merr.	豆科大豆属	原产于我国，全国各地均有栽培，以东北最著名	一年生草本，高30～90厘米，花期6～7月，果期7～9月	大豆含脂肪约20%、蛋白质约40%，还含有丰富的维生素，富含营养；此外药用有滋补养心、祛风明目、清热利水、活血解毒等功效	在园林中可作为地被栽植或藤蔓植物，与休息凉亭相结合种植
34	豌豆 *Pisum sativum* L.	豆科豌豆属	全国各地均有栽培	一年生攀缘草本，高0.5～2米，花冠颜色多样，随品种而异，但多为白色和紫色，花期6～7月，果期7～9月	可以很好地为园艺劳动提供条件，使居民在参与中激发身体机能，并从中获得收获感、满足感	在园林中可作为地被栽植或藤蔓植物，与休息凉亭相结合种植

续附表 5

序号	植物名称	科属	分布区域	类别、习性及特征	健康效用	园林应用形式
35	茴香 *Foeniculum vulgare* Mill.	伞形科茴香属	原产于地中海地区,我国各地均有栽培,亦有野生	草本,高0.4~2米,茎直立,光滑,灰绿色或苍白色,花黄色,花期5~6月,果期7~9月	嫩叶可做蔬菜食用或做调味用,果实入药,有祛风祛痰、散寒、健胃和止痛之效;秋季果实的收获,能使人从中获得满足感	线条柔和,具有芳香气味,在园林中常群植或丛植
36	甘蓝(卷心菜) *Brassica oleracea* var. *capitata* Linnaeus	十字花科芸薹属	我国各地均有栽培	二年生草本,被粉霜,基生叶多数,质厚,层层包裹成球状体,扁球形,直径10~30厘米或更大,乳白色或淡绿色	做蔬菜及饲料用。叶的浓汁用于治疗胃及十二指肠溃疡;居民在种植、施肥及收获等园艺活动中增强记忆力及身体的协调性	园林中常作为地被植物,或者布置花坛
37	花椰菜 *Brassica oleracea* var. *botrytis* Linnaeus	十字花科芸薹属	我国各地均有栽培,亦有野生	二年生草本,高60~90厘米,头状体,做蔬菜食用	具有生津止渴、免疫调节、防癌抗癌的作用;秋季果实的收获,能使人从中获得满足感	在园林中常作为地被植物或模纹种植的植物材料
38	紫苏 *Perilla frutescens* (L.) Britt.	唇形科紫苏属	我国各地广泛栽培	直立草本;高达2米;茎绿或紫色,密被长柔毛;花果期8~12月	可供药用食用或香料材料;秋季果实的收获,能使人从中获得满足感	在园林中常常群植或丛植
39	蛇瓜 *Trichosanthes anguina* L.	葫芦科栝楼属	我国南北均有栽培	一年生攀缘藤本;茎被柔毛及疏长柔毛状硬毛;花果期夏末及秋季	居民在种植、施肥及收获等园艺活动中增强记忆力及身体的协调性	在园林中常作为藤蔓植物,与休息凉亭相结合种植
40	马齿苋 *Portulaca oleracea* L.	马齿苋科马齿苋属	产于我国南北各地	一年生草本,全株无毛。茎平卧或斜倚,伏地铺散,多分枝,花期5~8月,果期6~9月	全草供药用,嫩茎叶可做蔬菜;居民在种植、施肥及收获等园艺活动中增强记忆力及身体的协调性	在园林中常作为地被植物或模纹花坛的花材
41	菊苣 *Cichorium intybus* L.	菊科菊苣属	主要分布在我国东北、西北、华北地区	多年生草本,高40~100厘米,舌状小花蓝色,长约14毫米,花果期5~10月	菊苣叶可调制生菜,在我国有引种栽培,它的根可促进人体消化器官活动;居民在园艺活动中增强记忆力及身体的协调性	在园林中常作为地被栽植

续附表 5

序号	植物名称	科属	分布区域	类别、习性及特征	健康效用	园林应用形式
42	白菜 *Brassica rapa* L. var. *glabra* Regel	十字花科芸薹属	原产我国华北,现各地广泛栽培	二年生草本,高40～60厘米,常全株无毛	东北及华北冬春季主要蔬菜;可以很好地为园艺劳动提供条件,使居民在参与中激发身体机能,并从中获得收获的满足感	园林中常作为地被植物,或者布置花坛
43	甜菜 *Beta vulgaris* L.	苋科甜菜属	全国各地广泛栽培	二年生草本,根圆锥状至纺锤状,多汁,花白色,花期5～6月,果期7月	甜菜叶富含维生素,居民可以在园艺活动中增强记忆力及身体的协调性	可作为地被植物或模纹花坛的花材
44	母菊 (洋甘菊) *Matricaria chamomilla* L.	苋科母菊属	产于我国新疆北部和西部	一年生草本,全株无毛,花冠黄色,花果期5～7月	全草含有大量的维生素A和C;居民在种植、施肥及收获等园艺活动中增强记忆力及身体的协调性	常作为地被植物或花境的线性花材

附录3 居住区人群行为特点、健康问题与康复景观应对策略一览表

居住区人群行为特点、健康问题与康复景观应对策略一览表见附表6。

附表6 居住区人群健康问题、行为特点与康复景观应对策略一览表

年龄	人群划分	行为特点	健康问题	应对策略
0~12岁	儿童	活泼好动，易产生噪声，缺乏自我防护能力；想象力丰富，好奇心重，脆弱暴躁，感受意识强，喜欢颜色鲜艳和有吸引力的事物	①儿童孤独症（社会化行为缺乏，交流沟通技能缺陷，兴趣狭窄，行为活动单调，智力缺陷，感知觉及运动功能异常）②多动症（活动过多，注意力障碍，冲动性，不良行为）③焦虑症（无原因的恐惧和不安，无所指向的烦躁和惊慌）④恐惧症（判断力、理解力降低，甚至丧失理智和自控能力）⑤神经性厌食症（体重骤减、皮肤干燥、发黄、贫血，低血糖、体温下降、脉搏缓慢，低血压、四肢发冷，精神萎靡）	①保证儿童游乐设施的安全性；保障空气质量及充足的日照②设置趣味植物景观；创造保护隐私的空间角落；选用的植物要注意无毒无刺，且没有致敏性，选用具有吸引力、明快鲜艳的色彩和形态，引导儿童对自然环境和要素的沉浸式体验③采取安全操作、适宜活动强度的园艺治疗活动，如播种、浇灌、清理、移栽、编织、微缩花园制作等，训练儿童的专注力、恒久性，以及手脑协调和灵活性，有意识地培养儿童复杂的策划、设计等逻辑思维能力④成组安排活动，创造合作与社会交往的机会⑤要提供多种参与方式，尊重儿童选择的自由性；活动环境要简明清晰，循序渐进，具有鼓励性⑥要发现儿童不同的兴趣和偏好；活动组织中要保持适宜的节奏和弹性领导的方式
13~18岁	青少年	身心迅速成长时期，自我意识强；选择性和独立性增强；以学习为主导活动，具有独立、自尊、叛逆等心理	①焦虑②紧张③亚健康状态④品行障碍（攻击性行为、社会退缩行为、反社会行为、自我中心倾向、少年违法）	①可设置整洁美观的体育运动场地，增加其体育活动量，缓解繁重的课业负担压力②多设置植物区域，缓解眼疲劳③鼓励青少年参加有利于改善认知的种植活动，培养热爱自然、与人合作的品性④安排有文化启迪意义、鼓励自我效能的园艺活动

续附表 6

年龄	人群划分	行为特点	健康问题	应对策略
19～59岁	中青年	工作压力大，长期处于精神紧张状态，作息不规律；认同感较低，除了工作、学习，周末多在家中休息，缺乏相应的体育锻炼和一定的社会交往	①慢性疲劳综合征、身体机能下降 ②内分泌失调和疾病恢复期 ③情绪不稳定、抑郁轻生、焦虑失眠和失眠多梦 ④人际交往方面的孤僻自闭	①需要运动、自然空间，休息放松、体育锻炼、感受自然和适度运动 ②私密、五感体验空间，安静独处、提升生活情趣、解压、助眠等 ③开放型及园艺疗法空间，促进交往、提升自我认同感及融入社会 ④水景、园艺疗法植物、步道等景观元素，以及交往支持型、园艺疗法设施
60～74岁	年轻老年人	活动范围较大，大多是离退休人群，生活品质的要求也较高，同时处在生活转折阶段，生活重心的改变使其在身心健康与环境转换中有较多的不适应。他们是城市社区中对于活动空间和设施使用最频繁的人群，活动范围以社区附近的广场、公园以及宅旁绿地为主	①慢性病（白内障、心脏病、颈椎病、高脂血症、高血压、关节炎、糖尿病、慢性支气管炎） ②身体机能改变 ③感知能力退化 ④神经中枢退化 ⑤失落感	①尽可能多地提供不同的选择，以体现对不同老年人的关怀 ②布置较大的公共参与的空间（如广场和园艺操作区） ③为老年人提供展示自我焦点空间 ④布置不同主题的活动场地，增强场地的领域感 ⑤加强拥有共同爱好老年群体的相互认同和尊重
75～89岁	老年人	在体力、智力和精力上衰老特征明显，他们所能活动的范围与内容相对减少。其户外活动区域为社区小型公园以及宅旁绿地等	①慢性病（白内障、心脏病、颈椎病、高脂血症、高血压、关节炎、糖尿病、慢性支气管炎） ②身体机能改变 ③感知能力退化 ④神经中枢退化 ⑤孤独感	①在视觉、听觉、嗅觉、触觉感官感受上进行加强设计，以达到有效的刺激作用 ②在景观设施应用、材料质地选择、尺寸设计上应有别于全龄化景观设计，避免造成老年人在使用过程中的不适感 ③通过合理的空间布局、益康植物搭配、引导设计等方面来适应老年人的需求 ④适当增加园艺活动，舒缓情绪，加强锻炼

续附表6

年龄	人群划分	行为特点	健康问题	应对策略
90岁以上	高龄老年人	大多需要家人或护理人员照看，居家较多，外出活动较少，但有少部分精神尚可、腿脚麻利的老年人仍会外出进行轻微活动，主要活动区域仅限于宅旁绿地	①抑郁 ②慢性病（白内障、心脏病、颈椎病、高脂血症、高血压、关节炎、糖尿病、慢性支气管炎） ③身体机能改变 ④感知能力退化 ⑤神经中枢退化 ⑥自卑和恐惧感	①空间布局结合老年人行动力特征 ②结合老年人行动力差异的功能分区 ③适当采取园艺疗法，有益于老年人平稳血压；选择益康植物，配植丰富合理，选择可吸附有害气体的植物 ④遵循循证设计理念；考虑特殊人群的体貌特征，加强设计，体现关怀

参 考 文 献

[1] 傅小兰，张侃. 中国国民心理健康发展报告（2017～2018）[M]. 北京：社会科学文献出版社，2019.

[2] MARMOT M，WILKINSON R. The solid facts：social determinants of health[M]. 2nd ed. Copenhagen：WHO Regional Office for Europe，2003.

[3] 许从宝，仲德崑，李娜. 当代国际健康城市运动基本理论研究纲要[J]. 城市规划，2005（10）：52-59.

[4] 丁国胜，蔡娟. 公共健康与城乡规划：健康影响评估及城乡规划健康影响评估工具探讨[J]. 城市规划学刊，2013（5）：48-55.

[5] 玄泽亮，傅华. 城市化与健康城市[J]. 中国公共卫生，2003（2）：236-238.

[6] BORS P，DESSAUER M，BELL R，et al. The active living by design national program：community initiatives and lessons learned[J]. American journal of preventive medicine，2009，37（6S2）：S313-S321.

[7] 刘天媛，宋彦. 健康城市规划中的循证设计与多方合作：以纽约市《公共健康空间设计导则》的制定和实施为例[J]. 规划师，2015（6）：27-33.

[8] LEE K K. Developing and implementing the active design guidelines in New York City[J]. Health & place，2012（18）：5-7.

[9] BARTON H，GRANT M. A health map for the local human habitat[J]. The journal of the royal society for the promotion of health，2006，126（6）：252-261.

[10] 田莉，李经纬，欧阳伟，等. 城乡规划与公共健康的关系及跨学科研究框架构想[J]. 城市规划学刊，2016（2）：111-116.

[11] 王兰，廖舒文，赵晓菁. 健康城市规划路径与要素辨析[J]. 国际城市规划，2016（4）：4-9.

[12] LEE C, MOUDON A V. Physical activity and environment research in the health field: implications for urban and transportation planning practice and research[J]. Journal of planning literature, 2004, 19（2）: 147-181.

[13] AINSWORTH B E, HASKELL W L, WHITT M C, et al. Compendium of physical activities: an up date of activity codes and MET intensities[J]. Medicine and science in sports and exercise, 2000（32）: 498-516.

[14] KATZMARZYK P T, MARK S T. Limitations of Canada's physical activity data: implications for monitoring trends[J]. Canadian journal of public health, 2007, 98（Supplement 2）: 185-194.

[15] LOON J V, FRANK L. Urban form relationships with youth physical activity: implications for research and practice[J]. Journal of planning literature, 2011, 26（3）: 280-308.

[16] 鲁斐栋, 谭少华. 建成环境对体力活动的影响研究: 进展与思考[J]. 国际城市规划, 2013（2）: 62-70.

[17] BARTON H. Land use planning and health and well-being[J]. Land use policy, 2009, 26（12）: S115-S123.

[18] BENTLEY M. An ecological public health approach to understanding the relationships between sustainable urban environments, public health and social equity[J]. Health promotion international, 2014, 29（3）: 528-537.

[19] WERNHAM A, TEUTSCH S M. Health in all policies for big cities[J]. Journal of public health management & practice, 2015, 21（Supplement 1）: 56-65.

[20] CHANDRABOSE M, RACHELE J N, GUNN L, et al. Built environment and cardio-metabolic health: systematic review and meta-analysis of longitudinal studies[J]. Obesity reviews, 2019, 20（1）: 41-54.

[21] HILGER-KOLB J, GANTER C, ALBRECHT M, et al. Identification of starting points to promote health and wellbeing at the community level: a qualitative study[J]. BMC public health, 2019, 19（75）: 1-10.

[22] STEVENSON M, THOMPSON J, HERICK T, et al. Land use, transport, and population health: estimating the health benefits of compact cities[J]. Lancet, 2016, 388（10062）: 2925-2935.

[23] GISKES K，VAN LENTHE F，AVENDANO-PABON M，et al. A systematic review of environmental factors and obesogenic dietary intakes among adults：are we getting closer to understanding obesogenic environments?[J]. Obesity reviews，2011，12（5）：95-106.

[24] 张延吉，邓伟涛，赵立珍，等. 城市建成环境如何影响居民生理健康？：中介机制与实证检验[J]. 地理研究，2020，39（4）：822-835.

[25] KAPLAN R，KAPLAN S. The experience of nature：a psychological perspective [M]. Cambridge：Cambridge University Press，1989.

[26] KAPLAN S. The restorative benefits of nature：toward an integrative framework [J]. Journal of environmental psychology，1995（16）：169-182.

[27] KAPLAN R. Some psychological benefits of gardening[J]. Environment and behavior，1973（5）：145-152.

[28] BERMAN M G，JONIDES J，KAPLAN S. The cognitive benefits of interacting with nature[J]. Psychological science，2008，19（12）：1207-1212.

[29] ULRICH R S. Visual landscapes and psychological well-being[J]. Landscape research，1979，4（1）：17-23.

[30] VERDERBER S. Dimensions of person-window transactions in the hospital environment[J]. Environment and behavior，1986，18（4）：450-466.

[31] HARTIG T，MANG M，EVANS G W. Restorative effects of natural-environment experiences[J]. Environment and behavior，1991，23（1）：3-26.

[32] ULRICH R. Natural versus urban scenes some psychophysiological effects[J]. Environment and behavior，1981，13（5）：523-556.

[33] BRATMAN G N，DAILY G C，LEVY B J，et al. The benefits of nature experience：improved affect and cognition[J]. Landscape & urban planning，2015（138）：41-50.

[34] CAPALDI C A，DOPKO R L，ZELENSKI J M. The relationship between nature connectedness and happiness：a meta-analysis[J]. Frontiers in psychology，2014，5（3）：976.

[35] LAUMANN K，GÄRLING T，STORMARK K M. Selective attention and heart rate responses to natural and urban environments[J]. Journal of environmental psychology，2003，23（2）：125-134.

[36] 陈筝，翟雪倩，叶诗韵，等. 恢复性自然环境对城市居民心智健康影响的荟萃分析及规划启示[J]. 国际城市规划，2018，31（4）：16-26，43.

[37] 金海燕，任宏. 中外城市住宅高度形态比较研究[J]. 城市问题，2012（1）：2-8.

[38] 汪敏，陈瑞丹，王如松. 居住区生态服务功能补偿研究：以扬州海德公园居住区为例[J]. 中国园林，2010，26（3）：85-89.

[39] 刘颂，张莉. 城市绿地效能评价方法研究[J]. 中国城市林业，2013，11（5）：6-9，13.

[40] 陈爽，王丹，王进. 城市绿地服务功能的居民认知度研究[J]. 人文地理，2010，25（4）：55-59，151.

[41] 孟祥彬，于滨. 园林中的健康运动空间：城市健康运动公园[J]. 中国园林，2003（12）：47-50.

[42] 薛滨夏，李同予，唐皓明，等. 康复景观理念在城市居住区绿地规划设计中的应用[J]. 建筑技艺，2020（5）：54-58.

[43] 肖大威，胡珊. 试论岭南居住区绿化配置的科学性：结合中心绿地植物的形态组织和生态组织分析[J]. 中国园林，2002，18（5）：45-47.

[44] 刘滨谊. 中国风景园林规划设计学科专业的重大转变与对策[J]. 中国园林，2001（1）：7.

[45] 张健，华琦. 中国老龄化的特征发展趋势与对策[J]. 中国心血管杂志，2010，15（1）：79-80.

[46] 范利. 我国老年人慢性病防控迫在眉睫[J]. 中国临床保健杂志，2019，22（4）：433-434.

[47] 王慧敏，孙建萍，吴红霞. 老年慢性病病人久坐行为的研究进展[J]. 护理研究，2021，35（1）：110-114.

[48] 常韵琪，郑晓，李咪咪，等. 老年慢性病患者抑郁状态及影响因素城乡差异研究[J]. 中国全科医学，2021，21（4）：1254-1259.

[49] 侯宜坦，江冬冬，刘晓君，等. 武汉市社区老年人慢性病共病现状及相关因素分析[J]. 中国公共卫生，2020，36（11）：1604-1607.

[50] LI D，ZHANG D J，SHAO J J，et al. A meta-analysis of the prevalence of depressive symptoms in Chinese older adults[J]. Archives of gerontology and geriatrics，2014，58（1）：1-9.

[51] ZHANG C C，XUE Y Q，ZHAO H N，et al. Prevalence and related influencing factors of depressive symptoms among empty-nest elderly in Shanxi，China[J]. Journal of affective disorders，2019（245）：750-756.

[52] 张洪惠，李红. 老年慢性病患者抑郁情绪的研究进展[J]. 中华护理教育，2008，5（2）：95-97.

[53] HUANG C Q，DONG B R，LU Z C，et al. Chronic diseases and risk for depression in old age：a meta-analysis of published Literature[J]. Ageing research reviews，2010，9（2）：131-141.

[54] 王跃生. 中国城乡家庭结构变动分析：基于 2010 年人口普查数据[J]. 中国社会科学，2013（12）：60-77，205-206.

[55] 李祥臣，俞梦孙. 主动健康：从理念到模式[J]. 体育科学，2020，40（2）：83-89.

[56] COSTA M，GOLDBERGER A L，PENG C K. Multiscale entropy analysis of biological signals[J]. Physical review E，2005，71（2）：1-18.

[57] SELIGMAN M. Positive health[J]. Applied psychology，2008（57）：3-18.

[58] PARK N，PETERSON C，SZYARCA D，et al. Positive psychology and physical health：research and applications[J]. American journal of lifestyle medicine，2016，10（3）：200-206.

[59] KHUBCHANDANI J，SIMMONS R. Going global：building a foundation for global health promotion research to practice[J]. Health promotion practice，2012，13（3）：293-297.

[60] 周沛恩，彭昕，陈泰霖，等. 主动健康视角下促进新时期健康资产的科学管理综述[J]. 中国卫生经济，2020，39（8）：62-64.

[61] 王兰，张雅兰，邱明，等. 以体力活动多样性为导向的城市绿地空间设计优化策略[J]. 中国园林，2019，35（1）：56-61.

[62] 谭少华，郭剑锋，江毅. 人居环境对健康的主动式干预：城市规划学科新趋势[J]. 城市规划学刊，2010（4）：66-70.

[63] 谭少华，高银宝，李立峰，等. 社区步行环境的主动式健康干预：体力活动视角[J]. 城市规划，2020，44（12）：35-46，56.

[64] LANGELLOTTO G A，GUPTA A. Gardening increases vegetable consumption in school-aged children：a meta-analytical synthesis [J]. Hort technology，2012，22（4）：430-445.

[65] ZICK C D, SMITH K R, KOWALSKI-JONES L, et al. Harvesting more than vegetables: the potential weight control benefits of community gardening[J]. American journal of public health, 2013, 103（6）: 1110-1115.

[66] WELTIN A. A community garden: helping patients with diabetes to better care for themselves[J]. American journal of nursing, 2013, 113（11）: 59-62.

[67] TWISS J, DICKINSON J, DUMA S, et al. Community gardens: lessons learned from California healthy cities and communities[J]. American journal of public health, 2003, 93（9）: 1435-1438.

[68] SZASZ T. The myth of mental illness: 50 years later[J]. Psychiatrist online, 2011（35）: 179-182.

[69] MYSTERUD I. Long live nature via nurture![J]. Evolutionary psychology, 2003（1）: 189-191.

[70] KAWA S, GIORDANO J. A brief historicity of the diagnostic and statistical manual of mental disorders: issues and implications for the future of psychiatric cannon and practice[J]. Philosophy, ethics, and humanities in medicine, 2012（7）: 1-9.

[71] LUND C, DE SILVA M, PLAGERSON S, et al. Poverty and mental disorders: breaking the circle in low-income and middle countries[J]. Lancet, 2011（78）: 1502-1514.

[72] MARCUS C C, SACHS N A. Therapeutic landscapes: an evidence-based approach to designing healing gardens and restorative outdoor spaces[M]. Hoboken: John Wiley & Sons, Inc., 2014.

[73] GERLACH-SPRIGGS N, KAUFJAH R E, WARNER S B. Restorative gardens: the healing landscape[M]. New Haven: Yale University Press, 1998.

[74] 度本图书. "心"景观: 景观设计感知与心理[M]. 武汉: 华中科技大学出版社, 2014.

[75] SIMONS S P, STRAUS M C. Horticulture as therapy: principles and practice[M]. Boca Raton: CRC Press, 1998.

[76] TYSON M M. The healing landscape: therapeutic outdoor environment[M]. Madison WI: Parallel Press, 2008.

[77] 雷艳华, 金荷仙, 王剑艳. 康复花园研究现状及展望[J]. 中国园林, 2011, 27（4）: 31-36.

[78] DARTON E. The evolution of the hospital[J]. Metropolis, 1996（10）: 67-97.

[79] GESLER W M. Therapeutic landscapes: medical issues in light of the new cultural geography[J]. Social science & medicine, 1992, 34（7）: 735-746.

[80] HUANG L Y, XU H G. Therapeutic landscapes and longevity: wellness tourism in Bama[J]. Social science & medicine, 2018（197）: 24-32.

[81] NAGIB W, WILLIAMS A. Creating "therapeutic landscapes" at home: the experiences of families of children with autism[J]. Health & place, 2018（52）: 46-54.

[82] OSTER C, ADELSON P L. Inpatient versus outpatient cervical priming for induction of labour: therapeutic landscapes and women's preferences[J]. Health & place, 2011（17）: 379-385.

[83] SIU S, LAU Y, GOU Z H, et al. Healthy campus by open space design: approaches and guidelines[J]. Frontiers of architectural research, 2014（3）: 452-467.

[84] BENGTSSON A, GRAHN P. Outdoor environments in healthcare settings: a quality evaluation tool for use in designing healthcare gardens[J]. Urban forestry and urban greening, 2014（13）: 878-891.

[85] SHERMAN S A, VARNI J W, ULRICH R S, et al. Post-occupancy evaluation of healing gardens in a pediatric cancer center[J]. Landscape and urban planning, 2005（73）: 167-183.

[86] KEARNS R, COLLINS D. New Zealand children's health camps: therapeutic landscapes meet the contract state[J]. Social science & medicine, 2000（51）: 1047-1059.

[87] KIERNAN G, GORMLEY M, MACLACHLAN M. Outcomes associated with participation in a therapeutic recreation programme for children from 15 European countries[J]. Social science & medicine, 2004（59）: 903-913.

[88] CUTCHIN M P. Spaces for inquiry into the role of place for older people's care[J]. Journal of clinical nursing, 2005（14）: 121-129.

[89] MARTIN G, NANCARROW S, PARKE H, et al. Place, policy and practitioners on rehabilitation, independence and therapeutic landscape in the changing geography of care provision[J]. Social science & medicine, 2005（61）: 1893-1904.

[90] WILLIAMS A. Changing geographies of care: employing the concept of therapeutic landscapes as a framework in examining home space[J]. Social science & medicine, 2002（55）: 141-154.

[91] MILLIGAN C，GATRELL A，BINGLEY A. Cultivating health：therapeutic landscapes and older people in northern England[J]. Social science & medicine，2004，58（9）：1781-1793.

[92] SIU S，LAU Y，YANG F. Introducing healing gardens into a compact university campus：design natural space to create healthy and sustainable campuses[J]. Landscape research，2009，34（1）：55-81.

[93] LEANNE M，WHITE M P，HUNT A，et al. Nature contact，nature connectedness and associations with health，wellbeing and pro-environmental behaviours[J]. Journal of environmental psychology，2020（68）：101389.

[94] ANANTH S. Healing Environments：the next natural step[J]. Explore，2008，4（4）：274.

[95] CONRADSON D. Landscape，care and the relational self：therapeutic encounters in rural England[J]. Health & place，2005（11）：337-348.

[96] WILLIAMS A. Spiritual therapeutic landscapes and healing：a case study of St. Anne de Beaupre，Quebec，Canada[J]. Social science & medicine，2010（70）：1633-1640.

[97] GESLER W M. Therapeutic landscapes：theory and a case study of Epidauros，Greece[J]. Environment and planning D：society and space，1993，11（2）：171-189.

[98] GESLER W M. The cultural geography of health care[M]. Pittsburgh：University of Pittsburgh Press，1991.

[99] 杨传贵，杨意，梁佳楠. 丹麦森林医疗花园：以纳卡蒂亚森林医疗花园为例[J]. 世界林业研究，2014（3）：72-76.

[100] 齐岱蔚. 达到身心平衡：康复疗养空间景观设计初探[D].北京：北京林业大学，2007.

[101] 刘博新，严磊，郑景洪. 园艺疗法的场所与实践[J]. 现代园林，2012（2）：5-13.

[102] 张秋实. 国外园艺疗法学科体系建设及对中国的启示[J]. 世界农业,2018，474(10)：179-184.

[103] 侯伟. 益康花园设计理论与实践研究[D]. 北京：北京林业大学，2010.

[104] ALDOUS D，DAVID J. Horticutural therapy in Australia and New Zealand[J]. Growth point，2005（1）：8-9.

[105] 陈晓庆，吴建平. 园艺疗法的研究现状[J]. 北京林业大学学报（社会科学版），2011，10（3）：41-45.

[106] 姚和金. 园艺疗法探讨[J]. 生物学杂志，2002（2）：11-12，10.

[107] 李树华. 尽早建立具有中国特色的园艺疗法学科体系（上）[J]. 中国园林，2000（3）：17-19.

[108] 韩峭青，李秀增，连温林，等. 鼓浪屿海水浴、自然因子及环境综合疗法对原发性高血压患者的康复作用[J]. 中国临床康复，2004（3）：500.

[109] 刘志强. 芳香疗法在园林中的应用研究[J]. 林业调查规划，2005（6）：91-93.

[110] 杨欢，刘滨谊，米勒. 传统中医理论在康健花园设计中的应用[J]. 中国园林，2009（7）：13-18.

[111] 张文英，巫盈盈，肖大威. 设计结合医疗：医疗花园和康复景观[J]. 中国园林，2009（8）：7-11.

[112] 王江萍，周舟. 基于缓解压力功能的大学校园景观设计研究[J]. 华中建筑，2011（2）：101-103.

[113] 李琪，汤晓敏. 康复花园质量评价指标体系构建[J]. 上海交通大学学报（农业科学版），2012（3）：58-64.

[114] 刘博新，李树华. 康复景观的亲生物设计探析[J]. 风景园林，2015（5）：123-128.

[115] 郭庭鸿，董靓，孙钦花. 设计与实证康复景观的循证设计方法探析[J]. 风景园林，2015（9）：106-112.

[116] 郭庭鸿，董靓. 重建儿童与自然的联系：自然缺失症康复花园研究[J]. 中国园林，2015（8）：62-66.

[117] 谭少华，彭慧蕴. 袖珍公园缓解人群精神压力的影响因子研究[J]. 中国园林，2016，32（8）：65-70.

[118] 冯宁宁，崔丽娟. 从恢复体验到地方依恋：环境偏好与居住时长的作用[J]. 心理科学，2017，40（5）：1215-1221.

[119] 李树华，刘畅，姚亚男，等. 康复景观研究前沿：热点议题与研究方法[J]. 南方建筑，2018（3）：4-10.

[120] 黄舒晴，徐磊青，陈筝. 起居室的疗愈景观：室内及窗景健康效益 VR 研究[J]. 新建筑，2019（5）：23-27.

[121] ULRICH R S，SIMONS R F，LOSITO B D，et al. Stress recovery during exposure to natural and urban environments[J]. Journal of environmental psychology，1991（11）：201-230.

[122] 李同予，薛滨夏，杨秀贤，等. 基于无线生理传感器与虚拟现实技术的复愈性环境注意力恢复作用研究[J]. 中国园林，2020，36（12）：62-67.

[123] 谭少华，杨春，李立峰，等. 公园环境的健康恢复影响研究进展[J].中国园林，2020，36（2）：53-58.

[124] 刘同想，田径，梁伟，等. 综合疗养因子对 348 例中老年亚健康者的影响分析[J]. 解放军保健医学杂志，2004（3）：167-168.

[125] 修美玲，李树华. 园艺操作活动对老年人身心健康影响的初步研究[J]. 中国园林，2006（6）：46-49.

[126] 康宁，李树华，李法红. 园林景观对人体心理影响的研究[J]. 中国园林，2008（7）：69-72.

[127] 王月，薛滨夏，刘鑫鹏. 康复花园理念在居住区环境规划设计中的应用[M]// 中国城市规划学会. 城乡治理与规划改革：2014 中国城市规划年会论文集. 北京：中国建筑工业出版社，2014.

[128] 刘博新，李树华. 基于神经科学研究的康复景观设计探析[J]. 中国园林，2012，28（11）：47-51.

[129] 刘博新，黄越，李树华. 庭园使用及其对老年人身心健康的影响：以杭州四家养老院为例[J]. 中国园林，2015，31（4）：85-90.

[130] 陈筝，赵双睿. 提升心理健康的城市绿色开放空间规划设计[J]. 城市建筑，2018（24）：51-56.

[131] 何琪潇，谭少华. 社区公园中自然环境要素的恢复性潜能评价研究[J]. 中国园林，2019，35（8）：67-71.

[132] 徐磊青，胡滢之. 疗愈街道 一种健康街道的新模型[J]. 时代建筑，2020（5）：33-41.

[133] MASLOW A. Motivation and personality[M]. New York：Harper，1954.

[134] WILLIAMS A. Therapeutic landscapes：the dynamic between place and wellness[M]. Lanham，MD：University Press of America，1996.

[135] CURTIS S E，GESLER W，FABIAN K，et al. Therapeutic landscapes in hospital design：a qualitative assessment by staff and service users of the design of a new mental hospital inpatient unit[J]. Environment and planning C：government and policy，2007（25）：591-610.

[136] KEARNS R，JOSEPH A. Selling the private asylum：therapeutic landscapes and the (re)valorization of confinement in the era of community care[J]. Transactions of the institute of British geographers，2006（31）：131-149.

[137] MARCUS C C，BARNES M. Healing gardens[M]. New York：John Wiley & Sons，1999.

[138] BENSON J F，ROWE M H. Urban lifestyles: spaces，places and people[M]. Rotterdam：A.A. Balkema，2000.

[139] MITRIONE S，LARSON J，KREITZER M J. Healing by design：healing gardens and therapeutic landscapes[J]. The journal of the American institute of architects，2007，2（10）：1-7.

[140] ROSE E. Encountering place：a psychoanalytic approach for understanding how therapeutic landscape benefit health and wellbeing[J]. Health & place，2012（18）：1381-1387.

[141] HARTIG T，STAATS H. The need for psychological restoration as a determinant of environmental preferences[J]. Journal of environmental psychology，2006（26）：215-226.

[142] MCDOWELL C F，MCDOWELL T C. The sanctuary garden[M]. New York：Fireside Books，1998.

[143] 王艳，叶青. 色彩的视觉特性在建筑设计中的应用[J]. 装饰，2004（137）：39.

[144] 郝育庭. 园林景观色彩设计与身心健康探析[J]. 林产工业，2015（9）：62-64.

[145] 张高超，孙睦泓，吴亚妮. 具有改善人体亚健康状态功效的微型芳香康复花园设计建造及功效研究[J]. 中国园林，2016（6）：94-99.

[146] 郭要富. 康复花园中植物环境对人体健康影响的研究[D]. 杭州：浙江农林大学，2013.

[147] 金荷仙. 梅、桂花文化与花香之物质基础及其对人体健康的影响[D]. 北京：北京林业大学，2003.

[148] 郑华，金幼菊，周金星，等. 活体珍珠梅挥发物释放的季节性及其对人体脑波影响的初探[J]. 林业科学研究，2003，16（3）：328-334.

[149] 王崑，张金丽，王超. 北方康复性园林绿地植物配植研究[J]. 北方园艺，2010（14）：113-117.

[150] 杜丽君. 森林自然疗养因子在疗养医学中的应用[J]. 中国疗养医学，2000（4）：11-13.

[151] 赵瑞祥，周志勇. 杭州疗养区自然疗养因子的调查分析及应用[J]. 中国疗养医学，1999（6）：1-3.

[152] 韩燕凌. 生态住宅小区绿化系统的功能要求及其设计要点[J]. 华中建筑，2002（3）：63-64.

[153] 徐磊青，杨公侠. 环境心理学[M]. 上海：同济大学出版社，2007.

[154] 魏钰，朱仁元. 为所有人服务的园林：芝加哥植物园的启示[J]. 中国园林，2009（8）：12-15.

[155] 王植芳. 现代医院康复性园林环境设计初探[D]. 武汉：华中农业大学，2007.

[156] VERLARDE M D，FRY G，TVEIT M. Health effects of viewing landscapes-landscape types in environmental psychology[J]. Urban forestry & urban greening，2007（6）：199-212.

[157] 赵瑞祥. 景观文化与疗养[J]. 中国疗养医学，2009（4）：294-295.

[158] 陈春贵，陈亮明，殷丽华. 大力倡导保健植物在园林中的应用[J]. 江西林业科技，2007（2）：58-60.

[159] 贝森，佘美萱. 美国当代康复花园设计：俄勒冈烧伤中心花园[J]. 中国园林，2015，31（1）：30-34.

[160] TAYLOR M K. The healthy gardener[J]. Flower and garden，1990（3/4）：46-47.

[161] PREDNY M L，RELF D. Horticulture therapy activities for preschool children，elderly adults，and intergenerational groups[J]. Activities，adaptation and aging，2004，28（3）：1-18.

[162] 班瑞益. 园艺疗法对慢性精神分裂症的康复效果分析[J]. 实用护理杂志，2002，18（2）：50-51.

[163] JONVEAUX T R，BATT M，FESCHAREK R，et al. Healing gardens and cognitive behavioral units in the management of Alzheimer's disease patients：the Nancy experience[J]. Journal of Alzheimer's disease，2013（34）：325-338.

[164] LYNCH K. The image of the city[M]. Cambridge：MIT Press，1960.

[165] KING J. Welcome home：a community for adults with autism shows the power of an understated landscape[J]. Landscape architecture，2016，106（2）：68-79.

[166] 郑秋瑶. 城市园林休闲功能研究[D]. 杭州：浙江大学，2006.

[167] 邓平，周波. 在人居环境建设中对"人本主义"思想的探索[J]. 四川建筑，2003（3）：3-5.

[168] 刘志斌. "以人为本"的居住区公园设计[J]. 陕西建筑，2010（2）：8-11.

[169] 周晨. 论生态住区的景观设计[J]. 湖南师范大学自然科学学报，2005（2）：90-92.

[170] 欧亚丽. 城市生态型居住区景观规划设计研究[D]. 咸阳：西北农林科技大学，2011.

[171] 周俭. 城市住宅区规划原理[M]. 上海：同济大学出版社，2010.

[172] 胡长龙. 园林规划设计（上）[M]. 北京：中国农业出版社，2002.

[173] 卫爱花. 居住区绿地景观规划设计[D]. 南京：南京农业大学，2012.

[174] 建设部住宅产业化促进中心. 居住区环境景观设计导则[M]. 北京：中国建筑工业出版社，2006.

[175] 于文洛，赵晓龙. 基于微气候的寒地居住区景观设计策略[J]. 低温建筑技术，2013（8）：28-31.

[176] 熊鹏. 环境行为心理学在城市居住区景观设计中的应用[D]. 南京：南京林业大学，2009.

[177] 李虹儒. 基于居民归属感的居住区景观设计[D]. 长沙：中南林业科技大学，2013.

[178] 张研，张轩. 新中式景观在居住区景观设计中的应用[J]. 现代园艺，2011（17）：88-89.

[179] 李芳，袁洪波，戴思兰，等. 园林植物景观季相变化及其生态和人文功能[J]. 北京林业大学学报，2010，32（S1）：200-206.

[180] 孙金芳. 论创造满足居民需求的住区景观[J]. 安徽建筑工业学院学报（自然科学版），2001（10）：38.

[181] 侯锡丹. 居住区环境景观设计探讨[D]. 咸阳：西北农林科技大学，2011.

[182] 西篱. 中老年心理保健[M]. 广州：广东旅游出版社，2000.

[183] 苏太洋. 健康医学[M]. 北京：中国科学技术出版社，1994.